Maya 动画制作基础教程

管 悦 葛 莉 罗 婷 主编

北京邮电大学出版社
www.buptpress.com

内 容 简 介

本书根据编者从事多年动画教学与应用的经验,从教学与培训的实际需求出发,借助大量的实例,循序渐进的讲解 Maya 动画最基础实用的功能及应用技巧。

本书共分为 10 章,分别介绍动画软件介绍和现代动画的发展情况、Maya 基本操作界面与工具的使用方法、动画的基本制作方法、Maya 软件建模介绍、角色的机械绑定设计、Maya 的材质制作、Maya 灯光、粒子动画和流体动画、刚体和柔体动画、Maya 毛发和布料的制作等 Maya 基础动画知识。

本书是入门级用户自学 Maya 动画制作的理想用书,同时也可以作为美术院校、高等院校及社会培训机构相关专业教材使用。

图书在版编目(CIP)数据

Maya 动画制作基础教程 / 管悦,葛莉,罗婷主编. --北京:北京邮电大学出版社,2015.1(2018.7 重印)
ISBN 978-7-5635-4284-0

Ⅰ. ①M… Ⅱ. ①管… ②葛… ③罗… Ⅲ. ①三维动画软件—教材 Ⅳ. ①TP391.41

中国版本图书馆 CIP 数据核字(2015)第 011609 号

书　　　名:Maya 动画制作基础教程
著作责任者:管悦　葛莉　罗婷　主编
责 任 编 辑:付兆华
出 版 发 行:北京邮电大学出版社
社　　　址:北京市海淀区西土城路 10 号(邮编:100876)
发 行 部:电话:010-62282185　传真:010-62283578
E-mail:publish@bupt.edu.cn
经　　　销:各地新华书店
印　　　刷:北京九州迅驰传媒文化有限公司
开　　　本:787 mm×1 092 mm　1/16
印　　　张:12
字　　　数:294 千字
版　　　次:2015 年 1 月第 1 版　2018 年 7 月第 2 次印刷

ISBN 978-7-5635-4284-0　　　　　　　　　　　　　　　　　　　　定　价:26.00 元

前　　言

  Maya 是被动画界认可的非常卓越的三维动画制作和渲染软件,软件被广泛运用于影视特效、广告特技、角色动画、游戏设计制作等 CG 领域。它为数字艺术家提供了成熟的软件平台和艺术表现空间,帮助设计师完成建模、动画、动力学辅助实现、高级渲染等相关设计工作,在动画制作、电影和电视特效、可视化教育等领域始终保持着领先的地位。

  Maya 动画制作基础教程共分为 10 个章节,具体内容包括。动画行业相关概念说明,介绍 Maya 等相关动画软件发展现状,介绍相关行业现状;Maya 基础,介绍 Maya 软件的应用领域、软件工作界面及其基本操作方法;Maya 动画基本操作方法介绍,介绍动画关键帧的设置及编辑,并介绍路径动画的制作;Maya 软件建模的介绍,包括 Nurbs 曲线建模方式、Polygon 多边形建模方式和 Subdivision 细分面建模方式;动画机械绑定技术,主要介绍了骨骼绑定技术;Maya 材质的设计和制作;Maya 灯光的设置,用案例介绍了发散光子和焦散和全局照明设置;粒子动画和流体动画的操作方法,并利用流体动画完成相关海洋、烟雾、爆炸等动画模拟;刚体和柔体动画的制作,利用刚体和柔体完成吊桥和布料的模拟;最后是 Maya 毛发和布料的制作,介绍了布料的制作和毛发的种植。

  本书结构简明清晰、重点突出、操作性强,在讲解理论的同时,结合实例进行操作,有助于初学者掌握 Maya 的使用方法。

  由于编者水平有限,书中难免存在不足和疏漏之处,请广大读者批评指正。

作者

目　　录

第1章　动画软件介绍和现代动画的发展情况

　　随着计算机图形技术［简称CG］的发展，越来越多的行业开始应用或者开发三维动画技术，在众多CG领域中特别是动画电影制作拍摄和游戏制作及其开发中，三维动画技术的应用更是屡见不鲜。进入信息化时代后，随着计算机技术的飞速发展，使得动画制作摆脱了传统繁重复杂枯燥的手工制作，以更为简便、高效及更具表现力的方式进行着更为自由的设计创作。

1.1　动画的中国之路

　　在20世纪80年代以前，国内的动画制作人员还不知道"CG"这个专业术语，经过多年的发展和摸索，以及中国的对外开放，一批海外计算机专家开始进入中国，为我国计算机事业的初期发展奠定了基础，海外动画计算机人才在带来大量信息和技术支持的同时，也应用和开发了国外计算机基础动画方面的大量基础信息和动画技术成果，也就是那个时代，真正的"CG"艺术开始在国内计算机界和动画界孕育，一些富有探索精神的年青艺术家和计算机技术从业人员开始踏上了真正的中国三维动画开荒之路。

　　在制作方面，北方工业大学CAD中心与北方科教电影制品厂以及北京科协合作，于1992年联合制作了我国第一部完全计算机编程技术实现的科教电影《相似》，并正式放映，获得1993年北京科学教育电影制品厂优秀电影制片奖，1993年国家广电总局科技进步二等奖。

　　在研究方面，中科院软件所、浙江大学CAD&CG国家重点实验室及其他一些科研所取得了许多相关领域科研项目成果。如浙江大学利用三维软件Alias和Softimage软件进行了兵马俑的复原动画设计。

　　20世纪90年代末，中国房地产事业迅猛发展，房地产开发商对建筑效果图的需求量加大，三维动画技术在房地产行业大量运用，三维建筑表现和动画渲染产业也随着房地产业的发展而壮大，北京水晶石等一批制作三维建筑表现的企业开始崭露头角，国内在三维建筑视觉表达和动画渲染表现方面开始走向世界前列。

　　进入21世纪，三维动画CG技术在广告、影视、出版、游戏、美术等相关行业得到飞跃式的发展，CG行业的分工以及产业结构更加专业化、标准化和商业化。各种优秀的CG作品开始涌现，在艺术和技术上有很深造诣的数字艺术家如雨后春笋般开始在动画界崭露头角。

　　在媒体方面，《数码设计》、《CG杂志》、《Computer Arts数码艺术》、《CG艺术》等行业专业杂志媒介为国内的 CG 行业发展起到了指引和风向标作用,中国 CG 产业开始逐渐优化结构,开始为向国际市场进军打下基础。

1.2 现代动画的发展情况

1.2.1 动画公司和软件公司介绍

提到现代动画不得不提起的是 Pixar 动画公司。Pixar 是美国一家继迪斯尼公司之后,对动画电影历史影响深刻的动画公司。翻译成中文就是"皮克斯"。如图 1-1 所示是 Pixar 公司的 LOGO。谈起"皮克斯",首先想到的就是《玩具总动员》《虫虫特工队》《怪物公司》《海底总动员》《超人总动员》等令人印象深刻的动画片,每一部动画电影都是动画技术和艺术的完美结合和演绎。图 1-2 和图 1-3 是部分动画电影的海报。

图 1-1

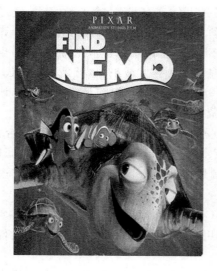

图 1-2

图 1-3

另外一个不得不提到的软件公司就是 Autodesk 公司,它发行的二维和三维数字化设计软件如今已经广泛被制造业、工程建筑行业、地理信息业以及传媒娱乐行业使用,是动画行业软件的领军企业。Autodesk 以及 3D Studio Max、Maya、Softimage 等 3D 动画软件大家都耳熟能详。在几乎所有的好莱坞电影和大家熟知的所有三维视频游戏中基本都应用了 Autodesk 公司的相关软件。

1.2.2　动画公司的工作流程

数字动画与传统的动画和实拍电影一样,都要经历开发、前期、制作和后期 4 个阶段。一般动画电影的工作流程如下。

① 故事情节的收集:公司员工可以将自己原创或收集的优秀故事情节递交给开发部门。故事情节需具备足够的趣味性和开发性。

② 故事提炼:将合适的故事的主要内容提炼成概括性的文本。

③ 故事板:将故事制作成图像脚本。

④ 演员配音:将演员配音放在正式制作之前的好处是演员配音可以根据角色性格尽情发挥,动画制作以这种配音为参考来进行角色搭配和制作。

⑤ 动态脚本:故事板和配音制作初步的动态影像。

⑥ 角色的设定:角色造型、色彩和人物性格的基本设定。

⑦ 模型建造:在三维软件里制作角色和道具相关模型。

⑧ 场景设定:在三维软件里制作场景模型。

⑨ 三维镜头设定:将角色模型与场景模型合成,根据故事版设置镜头变化及长度。

⑩ 角色动画:在动画软件中完成角色动画制作。

⑪ 材质和毛发:为模型设置材质、毛发和相应材质、贴图。

⑫ 灯光设置:为场景设置灯光效果。

⑬ 将制作好的镜头渲染成图像序列。

⑭ 合成剪辑:将制作好的画面、声音合成完整的片子。

⑮ 包装、宣传及发行。

1.2.3　三维软件的选择和学习

不同规模和特点的动画制作任务需要选择不同的动画三维软件。目前常用的三维软件很多,不同行业有不同的软件,各种三维软件各有所长,可根据工作需要进行选择。比较流行的三维软件,如:Rhino[Rhinoceros 犀牛]、Maya、3ds Max、Softimage/XSI、Lightwave 3D、Cinema 4D、PRO-E 等。

1. Maya

作为国际上三维动画制作的首选软件——Maya——声名显赫,是很多动画师首选的动画制作工具。掌握了 Maya 会极大地提高制作效率和品质,调节出仿真的角色动画,渲染出电影一般的真实效果。Maya 集成了 Alias、Wavefront 最先进的动画及数字效果技术。它不仅包括一般三维和视觉效果制作的功能,而且还与最先进的建模、数字化布料模拟、毛发渲染、运动匹配技术相结合。Maya 可在 Windows NT 与 SGI IRIX 操作系统上运行。在目前市场上用来进行数字动画和三维制作的工具中,Maya 软件是首选解决方案。

另外 Maya 也被广泛地应用到了平面设计[即二维设计]领域。Maya 软件的强大功能正是那些设计师、广告主、影视制片人、游戏开发者、视觉艺术设计专家、网站开发人员们极为推崇的原因。Maya 将作品的标准和格调提升到了更高的层次。

Maya 主要应用的商业领域如下所述。

（1）平面设计辅助、印刷出版、说明书

3D 图像设计技术已经进入了我们的生活并成为重要部分。这些都让无论是广告主、广告商还是那些房地产项目开发商都转向利用 3D 技术来表现他们的产品。而使用 Maya 无疑是最好的选择。因为它是世界上被使用最广泛的一款三维制作软件。当设计师将自己的二维设计作品打印前，他们要解决如何在传统的、众多竞争对手的设计作品中脱颖而出，利用 Maya 的特效技术加入到设计中的元素，无疑大大地增进了平面设计产品的视觉效果，同时 Maya 的强大功能可以更好地开阔平面设计师的应用视野，让很多以前不可能实现的技术，能够更好地、出人意料地、不受限制地表现出来。

（2）电影特技

目前 Maya 更多地应用于电影特效方面。从近年来众多好莱坞电影制作人对 Maya 的特别眷顾可以看出 Maya 技术在电影领域的应用越来越趋于成熟。以下为近年来以 Maya 为辅助技术实现电影特技的代表人物及其作品。

国内全三维数字国产魔幻大片《魔比斯环》，中国三维电影史上投资最大、最重量级的史诗巨片，耗资超过 1.3 亿元人民币，400 多名动画师，历时 5 年，精心打造而成的惊世之作。

法国国宝级艺术家 Jean Giraud［笔名 Moebius］，他原创的影片有《第五元素》、《异形》、《星战》等，并参与制作了《沙丘魔堡》、《深渊》等经典科幻电影。

导演 Glenn Chaika，著名动画片导演，曾在迪斯尼担任《小美人鱼》的动画师，并执导《拇指仙童历险记》、《花木兰 II》等影片。

模型监制 Wayne Kennedy，曾参与过《隐形人》、《星球大战》、《龙卷风》、《黑衣人》、《木乃伊》的模型师。

动画监制 Bob Koch 和 Kelvin Lee，是担任《玩具总动员》、《精灵鼠小弟》等影片的资深动画师。

特效指导 Manny Wong 曾担任《后天》的特效总监，并参与制作了《狂莽之灾 I》、《星河战舰》、《巨蟒》、《魔女游戏》等影片。

2. 3D Studio Max

3D Studio Max，简称 3ds Max 或 Max，是 Autodesk 公司开发的基于 PC 系统的三维动画渲染和制作软件。其前身是基于 DOS 操作系统的 3D Studio 系列软件。在 Windows NT 出现以前，工业级的 CG 制作被 SGI 图形工作站所垄断。3D Studio Max ＋ Windows NT 组合的出现一下子降低了 CG 制作的门槛，首先开始运用在计算机游戏中的动画制作，后来更进一步开始参与影视片的特效制作，例如《X 战警 II》、《最后的武士》等。它是集造型、渲染和动画制作于一身的三维制作软件。从它出现的那一天起，即受到了全世界无数三维动画制作爱好者的热情赞誉，Max 也不负众望，屡屡在国际上获得大奖。当前，它已逐步成为在个人 PC 上最优秀的三维动画制作软件。

3. Softimage/XSI

Softimage 是一款巨型软件。它的目标是那些企业用户，也就是说，它更适合于那些团队合作式的制作环境，而不是那些个人艺术家。籍此原因，笔者个人认为，这个软件并不特别适合初学者。

XSI 将计算机的三维动画虚拟能力推向了极至，是最佳的动画工具，除了新的非线性动画功能之外，比之前更容易设定 Keyframe 功能，更是制作电影、广告、3D 表现、建筑动画表现等方面的强力工具。

4. Lightwave

Lightwave 对于一个三维领域的新手来说,Lightwave 非常容易掌握。因为它所提供的功能更容易使人认为它主要是一个建模软件。对于一个从其他软件转来的初学者,开始可能会在工具的组织形式上和命名机制上会有一些问题。但在 Lightwave 软件中,建模工作就像雕刻一样,只需要几天的适应时间,初学者就会对这些工具感到非常舒服。Lightwave 有些特别,它将建模[Modeling:负责建模和贴图]和布局[Layout:动画和特效]分成两大模块来组织,也正是因为这点,丢掉了许多用户。

Lightwave 广泛应用在电影、电视、游戏、网页、广告、印刷、动画等各个领域。因为操作简便,易学易用,在生物建模和角色动画方面功能异常强大;基于光线跟踪、光能传递等技术的渲染模块,令它的渲染品质几尽完美。它以其优异性能倍受影视特效制作公司和游戏开发商的青睐。火爆一时的好莱坞大片《TITANIC》中细致逼真的船体模型、《RED PLAN-ET》中的电影特效以及《恐龙危机 2》、《生化危机-代号维洛尼卡》等许多经典游戏均由 LightWave 3D 开发制作完成。

5. Rhinoceros[Rhino]

Rhinoceros(Rhino)是一套专为工业产品及场景设计师所发展的概念设计与模型建构工具,它是第一套将 AGLib Nurbs 模型建构技术之强大且完整的能力引进 Windows 操作系统的软件,不管用户要建构的是汽机车、消费性产品的外型设计或是船壳、机械外装或齿轮甚至是生物或怪物的外形,Rhino 稳固的技术所提供给使用者的是容易学习与使用、极具弹性及高精确度的模型建构工具。从设计稿、手绘到实际产品,或是只是一个简单的构思,Rhino 所提供的曲面工具可以精确地制作所有用来作为彩现、动画、工程图、分析评估以及生产用的模型。Rhino 可以在 Windows 的环境下创造、编排或是转换 Nurbs 曲线、表面与实体。在复杂度与尺寸上并没有限制。此外,Rhino 还可支持多边网格的制作。

6. Vue 5 Infinite

Vue 5 Infinite 是 e-on software 公司出品。作为一款为专业艺术家设计的自然景观创作软件,Vue 5 Infinite 提供了强大的性能,整合了所有 Vue 4 Pro 的技术,并新增了超过 110 项的新功能,尤其是 EcoSystem 技术更为创造精细的 3D 环境提供了无限的可能。Vue 5 Infinite 是几个版本中最有效率,也是在建模、动画、渲染等 3D 自然环境设计中最高级的解决方案。目前国际界内很多大型电影公司、游戏公司或与景观设计相关的行业都用此软件进行 3D 自然景观开发。

7. Bryce

Bryce 是由 DAZ 推出的一款超强 3D 自然场景和动画创作软件,它包含了大量自然纹理和物质材质,通过设计与制作能产生极其独特的自然景观。这个革命性的软件在强大和易用中间取得了最优化的平衡,是一个理想的将三维技术融合进用户创作程序的方法,流畅的网络渲染、新的光源效果和树木造型库为设计师开拓了创意的新天堂。全新的网络渲染尤其是在网络中渲染一系列动画图像或是单张图片,大大节省了时间和金钱。

第2章 　Maya基本操作界面与工具的使用方法

2.1　Maya 软件概述

　　Autodesk 旗下的著名三维建模和动画软件有 Maya 和 3ds Max。Maya 新版本可以大大提高电影、电视、游戏等领域开发、设计、创作的工作效率,新版本改善了多边形建模,通过新的运算法则提高了性能,多线程支持可以充分利用多核心处理器的优势,新的 HLSL 着色工具和硬件着色 API 则可以大大增强新一代主机游戏的外观,另外在角色建立和动画方面也更具弹性。

2.2　Maya 软件的工作主界面

Maya 软件的基本界面及其介绍

　　Maya 软件布局如图 2-1 所示,包括标题栏、菜单栏、状态栏、工具架、工具盒、视图按钮、通道栏、层编辑器、快捷布局按钮、时间滑条、命令行等主要工作区。

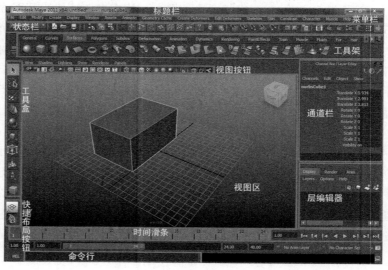

图 2-1

（1）标题栏

标题栏显示的是软件版本、文件存储位置和选择的对象信息。

（2）公共菜单栏

公共菜单栏包含了 Maya 的所有命令，主要分为公共菜单栏和专属菜单栏，当切换菜单栏组中的内容时，专属菜单栏的内容会随之改动。如图 2-2 所示是公共菜单。

图 2-2

（3）状态栏

状态栏也分为多个区域，由一些常用的重要功能按键组成，如 2-3 所示。

图 2-3

（4）菜单组

四大模块可以通过菜单组进行切换，用户可以快速找到所属命令下的常规命令。同时，用户可以通过快捷方式进行菜单组的切换，F2 为 Animation［动画模块］，F3 为 Polygons［多边形模块］，F4 为 Surfaces［曲面模块］，F5 为 Dynamics［动力学模块］，F6 为 Rendering［渲染模块］。如图 2-4 所示。

（5）工具盒

通过工具盒中的工具可以对视图的模型进行基本操作，可以使用相对应的快捷键：如 Q 键为选择工具、W 键为移动工具、E 键为旋转工具、R 键为缩放工具、T 键为操作手柄工具。如图 2-5 所示。

图 2-4

图 2-5

（6）时间轴

时间轴包括时间滑条和范围滑条，主要运用于 Maya 动画制作时间设置。用户可以通过它拖动时间滑块、设置时间长度和关键帧。

（7）命令行

用户可以在左侧的命令行中输入简单的 MEL 语言,完成设定好的操作。

（8）通道栏

通道栏显示的是模型的基础属性,用户也可以在上面直接输入参数。

（9）层编辑器

层编辑器包括显示层、渲染层和动画层。显示层用于整理场景中的物体对象;渲染层用于分层渲染。

2.3　软件基本操作介绍

2.3.1　视图的移动、旋转和缩放操作

移动操作:按住"Alt"键＋中键,此时拖动鼠标就可以对视图进行平移操作。

旋转操作:按住"Alt"键＋左键,此时拖动鼠标就可以对视图进行旋转操作。

缩放操作:按住"Alt"键＋右键,此时拖动鼠标就可以对视图进行缩放操作。

2.3.2　物体的移动、旋转和缩放操作

用左键选择模型,按下"W"键可以对模型进行移动操纵,按下"E"键可以对模型进行旋转命令,按下"R"键可以对模型进行缩放操纵命令。

2.3.3　物体点、边和面的选择编辑

右击模型,会弹出一个子级选项菜单面板,如图 2-6 所示。

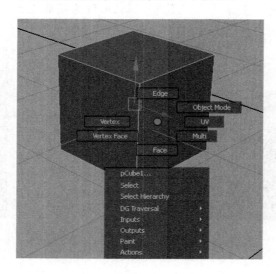

图 2-6

鼠标移到 Edge[边上],选中后,当前编辑模式将会切换到只对模型边的操作上。
鼠标移到 Vertex[点],选中后,当前编辑模式将会切换到只对模型点的操作上。
鼠标移到 Face[面],选中后,当前编辑模式将会切换到只对模型面的操作上。

2.3.4　物体的显示方式

按键盘上的数字"4"键,为线框显示模式。
按键盘上的数字"5"键,为实体显示模式。
按键盘上的数字"6"键,为材质显示模式。
按键盘上的数字"7"键,为灯光显示模式。

2.4　提高工作效率

我们可以在使用软件的同时配合快捷键来增加工作效率。下面是软件中常用的一些快捷方式。

基础操作如表 2-1 所示。

表 2-1

快捷键	功能	快捷键	功能
Enter	完成当前操作	Shift+"E"	存储旋转通道的关键帧
~	终止当前操作	Shift+"R"	存储缩放通道的关键帧
Insert	插入工具编辑模式	Shift+"W"	存储转换通道的关键帧
W	移动工具	Shift+"Q"	选择工具,[切换到]成分图标菜单
e	旋转工具	Alt+"q"	选择工具,[切换到]多边形选择图标菜单
r	缩放工具 操纵杆操作	t	显示操作杆工具
y	非固定排布工具	=	增大操纵杆显示尺寸
s	设置关键帧	—	减少操纵杆显示尺寸
i	插入关键帧模式[动画曲线编辑]		

窗口和视图快捷菜单设置如表 2-2 所示。

表 2-2

快捷键	功能	快捷键	功能
Ctrl+"A"	弹出属性编辑窗/显示通道栏	Shift+"A"	在所有视图中满屏显示所有对象
a	满屏显示所有物体[在激活的视图]	,	设置键盘的中心集中于命令行
f	满屏显示被选目标	空格键	快速切换单一视图和多视图模式
Shift+"F"	在所有视图中满屏显示被选目标		

移动被选对象快捷菜单设置如表 2-3 所示。

表 2-3

快捷键	功能	快捷键	功能
Alt+"↑"	向上移动一个象素	Alt/Shift+"V"	回到最小帧
Al t"↓"	向下移动一个象素	K	激活模拟时间滑块
Alt+"←"	向左移动一个象素	F8	切换物体/成分编辑模式
Alt+"→"	向右移动一个象素	F9	选择多边形顶点
Alt+"'"	设置键盘中心于数字输入行	F10	选择多边形的边
Alt+"。"	在时间轴上前进一帧	F11	选择多边形的面
Alt+","	在时间轴上后退一帧	F12	选择多边形的 UVs
.	前进到下一关键帧	Ctrl+"I"	选择下一个中间物体
,	后退到上一关键帧	Ctrl+"F9"	选择多边形的顶点和面
Alt+"v"	播放按钮[打开/关闭]		

显示设置快捷菜单设置如表 2-4 所示。

表 2-4

快捷键	功能	快捷键	功能
4	网格显示模式	Alt m	快捷菜单显示类型[恢复初始类型]
5	实体显示模式	1	低质量显示
6	实体和材质显示模式	2	中等质量显示
7	灯光显示模式	3	高质量显示
d	设置显示质量[弹出式标记菜单]	]	重做视图的改变
空格键[按下]	弹出快捷菜单	[	撤销视图的改变
空格键[释放]	隐藏快捷菜单	Alt+"s"	旋转手柄附着状态

翻越层级快捷菜单设置如表 2-5 所示。

表 2-5

快捷键	功能	快捷键	功能
↑	进到当前层级的上一层级	Ctrl+"N"	建立新的场景
↓	退到当前层级的下一层级	Ctrl+"O"	打开场景
←	进到当前层级的左侧层级	Ctrl+"S"	存储场景
→	进到当前层级的右侧层级		

桌面文件管理快捷菜单设置如表 2-6 所示。

表 2-6

快捷键	功能	快捷键	功能
F2	显示动画菜单	Ctrl+"m"	显示[关闭]+主菜单
F3	显示建模菜单	Alt+"r"	激活双重作用[开启/关闭]鼠标右键
F4	显示动力学菜单	h	转换菜单栏[标记菜单]
F5	显示渲染菜单	Alt+"a"	显示激活的线框[开启/关闭]
Alt+"f"	扩张当前值	Alt+"c"	色彩反馈[开启/关闭]

续 表

快捷键	功能	快捷键	功能
u	切换雕刻笔作用方式[弹出式标记菜单]	c	吸附到曲线[按下/释放]
o	修改雕刻笔参考值	/	拾取色彩模式——用于：绘制成员资格、绘制权重、属性绘制、绘制每个顶点色彩工具
b	修改笔触影响力范围[按下/释放]吸附操作	X[按下/释放]	吸附到网格
m	调整最大偏移量[按下/释放]	,	选择丛[按下/释放]—用于绘制权重工具
n	修改值的大小[按下/释放]	V	吸附到点[按下/释放]

编辑操作快捷菜单设置如表 2-7 所示。

表 2-7

快捷键	功能	快捷键	功能
z	取消[刚才的操作]	Shift+"D"	复制被选对象的转换
Ctrl+"h"	隐藏所选对象	Alt+中键	移动视图
Shift+"Z"	重做[刚才的操作]	Ctrl+"g"	组成群组
Ctrl/Shift+"H"	显示上一次隐藏的对象	Alt+右键+中键	缩放视图
g	重复[刚才的操作]三键鼠操作	p	制定父子关系
Shift+"G"	重复鼠标位置的命令	Alt+Ctrl+右键	框选放大视图
Ctrl+"d"	复制	Shift+"P"	取消被选物体的父子关系
Alt+右键	旋转视图	Alt+Ctrl+中键	框选缩小视图

第3章　　　　　　　　　动画的基本制作方法

Maya 主要的动画制作方法包括关键帧动画、非线性动画、路径动画和动作捕捉动画。当然辅助的还有驱动关键帧动画、表达式动画、关联动画等。我们这里主要介绍关键帧动画和路径动画两种基本的动画设置方法。

3.1　动画关键帧的设置方法

动画是创建和编辑物体的属性随时间变化的过程。关键帧动画是所有动画方法的基础,非线性动画和路径动画都需要运用关键帧的概念和方法。关键帧是一个标记,它表明物体属性在某个特定时间上的值。可以通过以下方式为一个属性设置关键帧。

方法一:确认在 Animation[动画]模块下,使用 Animate 菜单中的命令来设置关键帧,如图 3-1 所示。

方法二:在通道栏中设置关键帧,如图 3-2 所示。

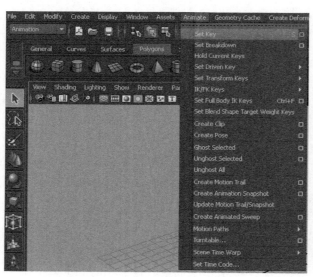

图 3-1

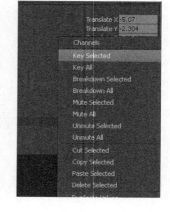

图 3-2

另外还可以使用快捷键来迅速创建关键帧,快捷键是"S"。

3.2　简单几何体运动设置关键帧实例

简单几何体运动设置关键帧的步骤如下。

① 切换至 Polygons[多边形]模块下,执行菜单 Create＞Polygon Primitives＞Sphere[创建＞多边形基本体＞球体]命令,在透视图中央按下左键并拖拽鼠标,拉出一个球体,释放鼠标。如图 3-3 所示。

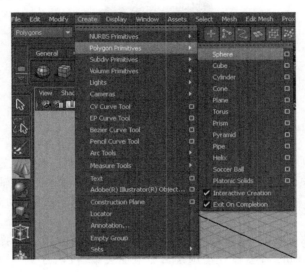

图 3-3

② 再执行菜单 Create＞polygon Primitives＞Plane[创建＞多边形基本体＞平面]命令,创建一个平面。如图 3-4 所示。

③ 将球体移动到平面上方。按"Insert"键,将球的中心点坐标移动到球体的底部。如图 3-5 所示。

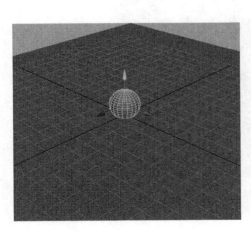

图 3-4

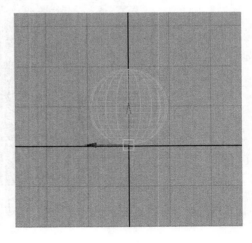

图 3-5

④ 设置场景关键帧为 200 帧。选中球体，将时间滑块移动到第 1 帧，右击通道栏 Translate Y[沿 Y 轴移动]，在菜单中选择 Key selected[设置选择为关键帧]命令给球体设置第一个关键帧。如图 3-6 所示。

图 3-6

⑤ 拖动时间轴到 20 帧，将球体沿 Y 轴向上移动一段距离，然后设置关键帧。

⑥ 选择第一帧关键帧，右键单击选择 Copy[复制]命令，拖动时间轴到 40 帧后右击，在菜单中选择 Paste[粘贴]命令，复制第一个关键帧到第 40 帧上，播放动画，可以观察小球弹地的动画。

⑦ 为了增加小球弹地的真实感，我们需要进行动画曲线编辑，选择 Window＞Animation Editors＞Graph Editor[窗口＞动画编辑器＞曲线编辑器]命令。如图 3-7 所示。

图 3-7

⑧ 在曲线控制器中用鼠标中键调整曲线弧度，如图 3-8 所示。

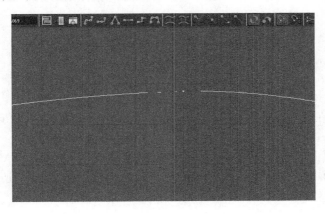

图 3-8

⑨ 在动画编辑曲线窗口选择球体的移动属性 Translate Y，然后执行 Curves＞Post Infinity＞Cycle［曲线＞曲线限制布置＞循环］命令，为曲线设置循环动画。如图 3-9 所示，小球会做循环跳动。

图 3-9

⑩ 选择球体，回到时间轴第 1 帧上，为球体 Scale 设置关键帧，如图 3-10 所示。

图 3-10

⑪ 在球体第 2 帧上设置 Scale 属性关键帧,如图 3-11 所示。

图 3-11

⑫ 同理,我们在球体的 40 帧和 41 帧分别作如图 3-10 和图 3-11 所示的操作,这样小球在弹地的瞬间会有一个变形动作的产生。

⑬ 在动画编辑曲线窗口选择球体的缩放属性,然后执行 Curves＞Post Infinity＞Cycle [曲线＞曲线限制布置＞循环]命令,为曲线设置循环动画。如图 3-12 所示,完成小球弹地动画的循环设置。

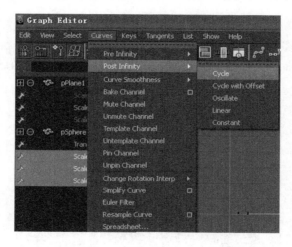

图 3-12

3.3　路径动画的设置与创建

实例制作:利用软件完成简单路径动画。

具体操作步骤如下。

① 切换至 Polygons[多边形]模块下,执行 Create＞Cv Curve Tool [创建＞Cv 曲线]创建如图 3-13 的一条曲线。

② 执行 Create＞Polygon Primitives＞Cube[创建＞多边形物体＞长方体] 创建如图 3-14 所示图形,长方体的属性中 Subdivisions[分段]设置为 5。

③ 转入 Animation[动画]模块,选择长方体,然后选中曲线,执行 Animate＞Motion Path＞Attach to motion path[动画＞运动路径＞运动轨道]后的方块设置按钮。打开 Attach to motion path options[附加到运动路径选项]窗口,单击 Attach[附加]。播放动画,这时会发现长方形会沿曲线移动,但是移动的比较僵硬。

④ 选中长方体,执行 Animate＞Motion Path＞Flow Path object[动画＞运动轨道＞沿

路径流动物体]后面的方块设置按钮。选中单击 Flow[流动]，播放动画，就会产生如图 3-15 所示的效果。

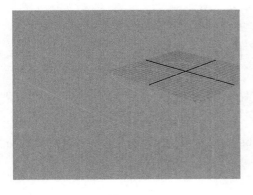

图 3-13

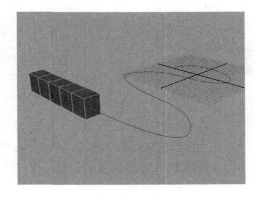

图 3-14

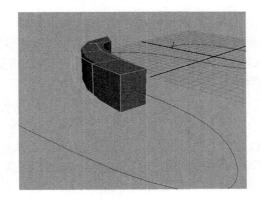

图 3-15

第4章

Maya软件建模介绍

Maya 建模的方式可以基本分为 3 种:Nurbs 曲线建模方式、Polygon 多边形建模方式和 Subdivision 细分面建模方式。

4.1　多边形建模

Maya 中比较常见的建模方式——Polygon[多边形]建模,其通常用于有硬边和不弯曲的边的模型。多边形建模的特点是使用一个基础模型,为它添加点和边,让模型变得丰富起来,从而使一个简单的模型转换成一个复杂的模型。

4.1.1　挤出建模——游戏木箱

在 Maya 中,可以通过关闭 Edit Mesh[编辑网格]菜单中的 Keep Faces Together[保持面连续]功能,然后使用 Extrude[挤出]命令,挤出相应的造型;开启与关闭 Keep Faces Together[保持面连续]功能得到的挤出模型差距很大,下面学习利用这种功能如何制作出一个游戏中经常出现的木箱。

① 为了制作出木箱,首先需要建立一个基本立方体,在此立方体的基础上才能进行其他的操作命令来完成最终模型。

② 执行菜单 Create>Polygon Primitives>Cube[创建>多边形基本体>立方体]命令,在透视图中央按下鼠标左键并拖拽鼠标,拉出一个矩形框,释放鼠标[如果已决定了立方体的底面大小,则是设定的数值大小]。

③ 上下拖拉鼠标,在其余视图中可看到立方体高度变化;在适当位置再次单击,立方体的制作便完成了;按 5 键将立方体以实体显示,如图 4-1 所示。

④ 现在需要关闭 Keep Faces Together[保持面连续]功能,对相应的面进行 Extrude[挤出],制作出凹槽。

⑤ 执行菜单 Edit Mesh>Keep Faces Together[编辑网格>保持面连续]命令,关闭 Keep Faces Together[保持面连续]命令。

⑥ 在立方体上按住鼠标右键不放,从弹出的快捷键菜单中选择 Face[面]选项,进入[面]的子对象级别。

⑦ 选择需要挤出的面,执行菜单 Edit Mesh>Extrude[编辑网格>挤出]命令,调节操纵手柄,对选择的面进行缩放,如图 4-2 所示;操纵手柄上方的方格为缩放工具,箭头为移动工具,长斜手柄为切换方向工具。

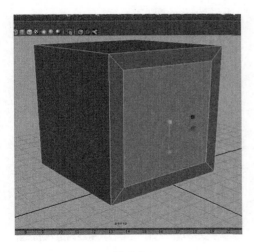

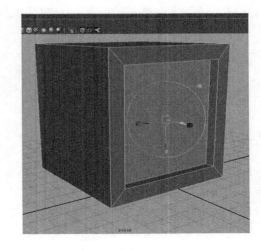

图 4-1　　　　　　　　　　　　　　　　　　图 4-2

⑧ 缩放到合适位置,然后按键盘上的"G"键,再次应用挤出命令,继续缩放选择的面。

⑨ 按键盘上的"G"键,再次应用挤出命令,向内移动选择的面,保持还是选中的面,可以对该面进行缩放,使挤进去的面产生一个向内的切角。

⑩ 对其他的面进行同样的操作,最终得到的箱子如图 4-3 所示。

⑪ 在立方体上按住鼠标右键不放,从弹出的快捷键菜单中选择 Object Mode[物体模式]选项,退出面子对象级别。接下来,为了让场景更加丰富,可以复制出几个木箱,执行菜单 Edit>Duplicate[编辑>复制]命令,可以将木箱复制出两个,然后利用工具盒中的移动和旋转工具,在透视中调整两个箱子的位置,如图 4-4 所示。这样一个场景就大体制作完成了。

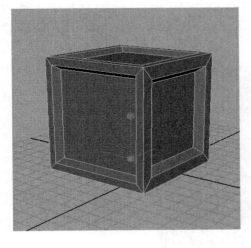

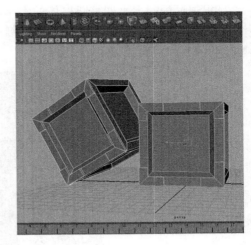

图 4-3　　　　　　　　　　　　　　　　　　图 4-4

⑫ 执行菜单 File>save Scene[文件>保存场景]命令,将场景保存为 box.mb 文件。

提示:开启保持面连续的作用,关闭 Keep Faces Together[保持面连续]功能得到的挤出面是相互独立的,如果开启 Keep Faces Together[保持面连续]功能,提取出来的面是一个整体,这就是 Keep Faces Together[保持面连续]命令的作用。如图 4-5 和图 4-6 所示分别开启和关闭 Keep Faces Together[保持面持续]功能的示意图。

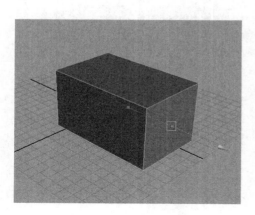

图 4-5

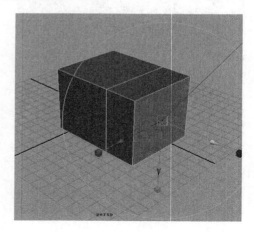

图 4-6

4.1.2 环形切分——油漆桶

油漆桶的形状与基本几何体的圆柱体很相似,可以从一个基本圆柱体经过加线、挤出及调点等操作完成建立。具体操作步骤如下。

① 建立基本圆柱体,执行菜单 Create>Polygon Primitives>Cylinder[创建>多边形基本体>圆柱体]命令,在透视图中按下鼠标左键并拖动鼠标,拉出一个圆形,在适当位置释放鼠标左键[以便确定截面的大小];上下拖动鼠标,拉出圆柱体的高,在适当位置单击"确定"按钮,一个圆柱体就产生了。

② 根据油桶的大小调整圆柱体的大小和分段数,如图 4-7 所示,设置 Radius[半径]为1,height[高度]为2,Subdivisions Axis[细分轴]为20,Subdivisions Height[高度细分]为1,Subdivisions Caps[顶端细分]为0。

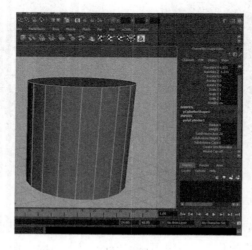

图 4-7

③ 添加环行线,执行菜单 Edit Mesh>Insert Edge Loop Tool[编辑网格>插入环形边

工具]命令,在圆柱体上水平拖动鼠标,为圆柱体添加环形线,如图 4-8 所示,为圆柱体中心位置添加 4 条环形线。

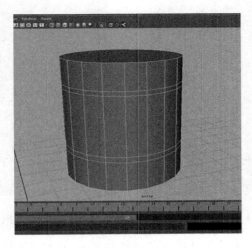

图 4-8

④ 右击物体进入到 Face[面]级别,结合"Shift"键依次加选环形线之间的两个相邻面,双击就可以选中整圈相关联的面,接着使用移动工具将这圈面进行上下移动,调整到合适的位置;对另一个圈环形线之间的面也进行相同的调整,如图 4-9 所示。

⑤ 单击菜单 Edit Mesh＞Edge Loop Tool[编辑网格＞插入环形边工具]命令后面的方块,打开插入环形边工具参数设置窗口,调节命令参数,如图 4-10 所示,将 Number of edge loops[环形边数量]设置为 6,在刚创建的两条环形边之间单击,如图 4-11 所示即可产生新的 6 条环形边。

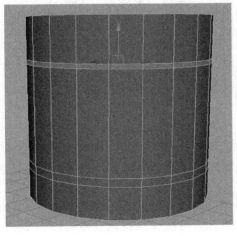
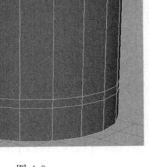

图 4-9

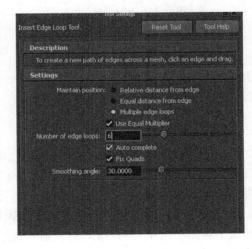

图 4-10

⑥ 继续在油桶的底端添加 6 条环形线,如图 4-12 所示。

⑦ 结合"Shift"键隔一排选中一排环形面,一共 8 个环形圈面。执行菜单 Edit Mesh＞Extrude[编辑网格＞挤出]命令,用操纵手柄控制向内挤压。效果如图 4-13 所示。

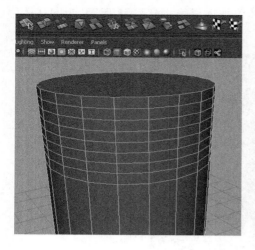

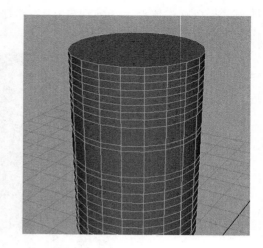

图 4-11 图 4-12

⑧ 结合"Shift"键继续选择油桶中间的两排环形面,执行菜单 Edit Mesh ＞Extrude[编辑网格＞挤出]命令,用操纵手柄控制向外拉伸,效果如图 4-14 所示。

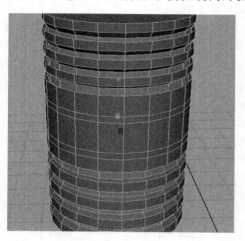

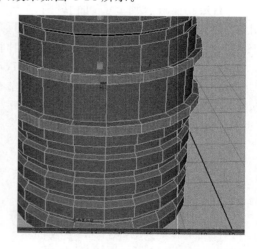

图 4-13 图 4-14

⑨ 在油桶上按住鼠标右键不放,从弹出的快捷菜单中选择 Object Mode[物体模式]选项,退出面子对象级别。按下数字键 3,将圆柱体以高级光滑的方式显示出来,用于观察调整模型。

⑩ 选择油漆桶顶端的一个面,执行菜单 Edit Mesh ＞Extrude[编辑网格＞挤出]命令,用操纵手柄控制挤压效果,缩放到合适位置后按"G"键,再次应用挤出命令,向内部移动选择的面,如图 4-15 所示。

⑪ 使用相同的方法继续处理油桶的底面。单击菜单 Edit Mesh ＞Insert Loop Tool[编辑网格＞插入环形边工具]命令后面的方块按钮属性面板,打开插入环形边工具参数设置窗口,调节命令参数,将参数设置为默认数值。

⑫ 在油桶的顶端和底端各添加一条环形边,如图 4-16 所示。

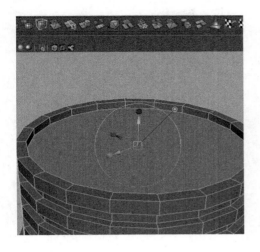

图 4-15　　　　　　　　　　　　　　　　　　图 4-16

⑬ 选择顶端和底端的一圈环形面,执行菜单 Edit Mesh ＞Extrude[编辑网格＞挤出]命令,用操纵手柄控制向外挤出,效果如图 4-17 所示。

这样油桶的基础外形制作完成了,接下来制作油桶的进油口。具体操作步骤如下。

① 复制面,右键单击模型进入 Face[面]级别,选择油桶顶端的一个面。

② 执行菜单 Edit Mesh ＞Duplicate Face[编辑网格＞复制面]命令,将油桶顶端的面片复制出一个,向上移动它直到合适位置,如图 4-18 所示。选择复制出来的面片,执行菜单 Modify＞Center Pivot[修改＞枢轴点居中]命令,将面片的枢轴点移到对象中心,如图 4-19 所示。

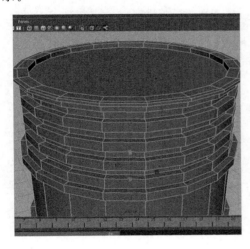
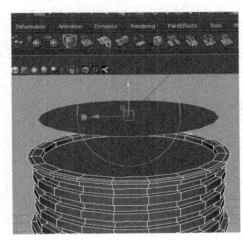

图 4-17　　　　　　　　　　　　　　　　　　图 4-18

③ 单击空格键,回到主界面。转到 Top[顶]视图,单击缩放工具,将面片缩放到合适的大小,然后利用移动工具将面片移到合适的位置,执行菜单 Edit＞Duplicate[编辑＞复制]命令,将面片复制出一个,垂直移动复制面的位置,如图 4-20 所示。

④ 进入 Object Mode[物体模式],选择复制出来的面,按下"Shift"键加选油桶,执行菜单 Mesh＞Combine[网格＞合并]命令,将两个物体对象进行合并。

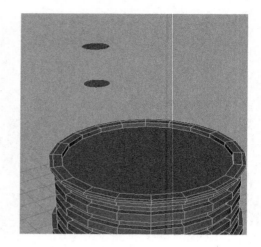

图 4-19　　　　　　　　　　　　　　　图 4-20

⑤ 单击菜单 Mesh＞Make Hole Tool［网格＞创建洞工具］命令后面的方块按钮，打开工具参数设置窗口，调节选项，如图 4-21 所示，设置 Merge Mode［合并模式］为 Project Second［将第 1 个投射到第 2 个］。

⑥ 进入 Face［面］模式，继续选择复制出来的面片，按下"Shift"键加选油桶顶端的面，执行菜单 Mesh＞Make Hole Tool［网格＞创建洞工具］命令，将油桶顶端的面按照复制面片的大小打一个洞。如图 4-22 所示

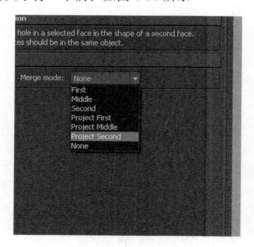

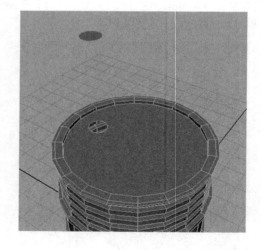

图 4-21　　　　　　　　　　　　　　　图 4-22

⑦ 进入到 Edge［边］级别，双击选择进油桶口中一条边，可以选择一圈循环边，执行菜单 Edit Mesh＞Extrude［编辑网格＞挤出］命令，用操纵手柄控制向内进行挤压操作，可以复制出一个内循环线。如图 4-23 所示。

⑧ 按"G"键，继续使用挤出命令，用操纵手柄控制向外挤压效果；按"G"键，继续使用挤出命令，用操纵手柄控制向下挤压效果，得到一个完整的盖口效果，如图 4-24 所示。

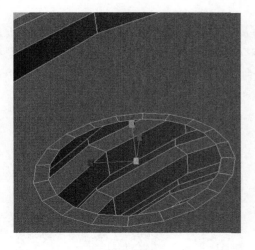

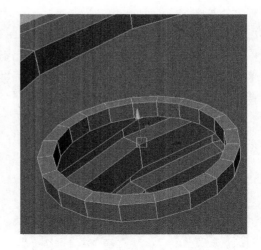

图 4-23　　　　　　　　　　　　　　　　　　图 4-24

⑨ 进入 Face[面]模式,选择顶端的一圈面,使用移动工具向上调整它的位置,使油桶口高度更高一些,如图 4-25 所示。

⑩ 执行菜单 Edit Mesh＞Insert Edge Loop Tool[编辑网格＞插入环形边工具]命令,为进油口添加 3 条环形线,如图 4-26 所示。

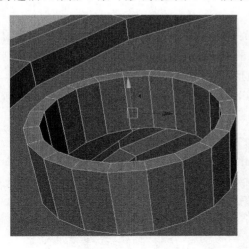

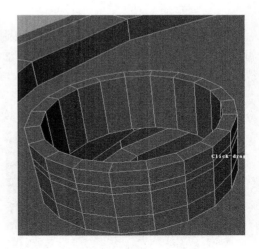

图 4-25　　　　　　　　　　　　　　　　　　图 4-26

⑪ 选择进油口底端的面,执行菜单 Edit Mesh＞Extrude[编辑网格＞挤出]命令,用操纵手柄控制向外挤出效果,如图 4-27 所示。

⑫ 选择进油口中部的循环面,继续执行菜单 Edit Mesh＞Extrude[编辑网格＞挤出]命令,用操纵手柄控制向外挤出效果。为了让模型细化后不至于太过圆滑,需要继续添加循环边,并对模型进行一系列的设置,使用到的命令为 Mesh＞Triangulate[网格＞三角化]、Mesh＞Quadrangulate[网格＞四角化],以及 Edit Mesh＞Delete Edge/Vertex[编辑网格＞删除边、顶点]命令。

接下来制作油桶盖,这里所运用的命令为 Edit Mesh＞Split Polygon Tool [编辑网格＞

分割多边形工具]。

⑬ 选择之前应用 Edit Mesh>Duplicate Face[编辑网格>复制面]命令复制面。执行菜单 Edit Mesh>Extrude[编辑网格>挤出]命令,用操纵手柄控制向上挤出效果,重复执行菜单 Edit Mesh>Extrude[编辑网格>挤出]命令,用操纵手柄控制向内挤出效果,按"G"键,继续使用挤出命令向下挤压,得到如图 4-28 所示的效果。

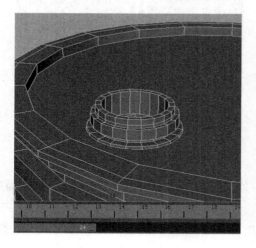
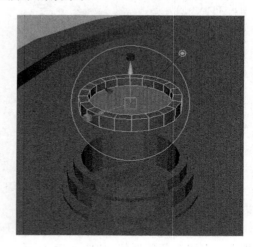

图 4-27   图 4-28

⑭ 返回到 Object Mode[体模式]级别,执行菜单 Edit Mesh>Split Polygon Tool[编辑网格>分割多边形工具]命令,通过在油桶盖子的内凹面两点之间单击鼠标来创建分割线,一共执行 3 次命令,创建 3 条分割线,切分多边形面,如图 4-29 所示。

⑮ 继续选择如图 4-29 所示的面,执行菜单 Edit Mesh>Extrude[编辑网格>挤出]命令,用操纵手柄控制向上挤出效果,如图 4-30 所示。

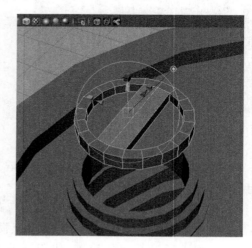

图 4-29   图 4-30

⑯ 对油桶盖的底端也进行同样的挤出和挤压操作,完成和顶部一样的造型。制作出油罐大致模型,如图 4-31 所示。

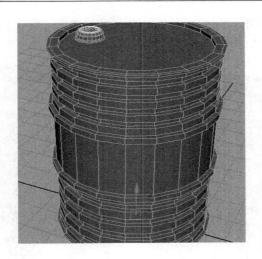

图 4-31

⑰ 为了让模型细化后不至于太过圆滑，需要继续添加循环边，通过执行菜单 Edit Mesh＞Insert Edge Loop Tool［编辑网格＞插入环形边工具］命令插入循环边，可以完善模型。

4.2　Nurbs 建模

曲面建模也称为 Nurbs 建模，Nurbs 是 Non-Uniform Rational B-Splines 的缩写，是"非均匀有理 B 样条曲线"的意思。简单地说，Nurbs 就是专门做曲面物体的一种造型方法。Nurbs 造型总是由曲线和曲面来定义的，所以要在 Nurbs 表面里生成一条有棱角的边是很困难的。就是因为这一特点，我们可以用它做出各种复杂的曲面造型和表现特殊的效果，如人的皮肤、面貌或流线型的跑车等。曲面建模有控制点可以控制曲线曲率、方向和长短。它是除了多边形建模以外的另一种流行建模方式。

一般来说，创建曲面都是从曲线开始的。可以通过点创建曲线来创建曲面，也可以通过抽取或使用视图区已有的特征边缘线创建曲面。其一般的创建过程如下。

① 首先创建曲线。可以用测量得到的源点创建曲线，也可以从光栅图像中勾勒出产品所需曲线。

② 根据创建的曲线，利用过曲线、直纹、过曲线网格、扫掠等选项，创建产品的主要或者大面积的曲面。

③ 利用桥接面、二次截面、N-边曲面选项，对前面创建的曲面进行过渡接连、编辑或者光顺处理。最终得到完整的产品模型。

运动水壶的实例制作

步骤 1　水壶的瓶体制作

① 执行 Create＞CV curve tool［创建＞CV 曲线］绘制瓶身侧面轮廓线、瓶盖侧面轮廓线、瓶盖垫圈的圆形曲线和垫圈的长方形横截面，如图 4-32 所示。选中瓶身侧面轮廓线，切

换至 Surfaces[曲面]菜单组,执行 Surfaces＞Revolve[曲面＞旋转]命令,曲线旋转成型一个瓶体,如图 4-33 所示。

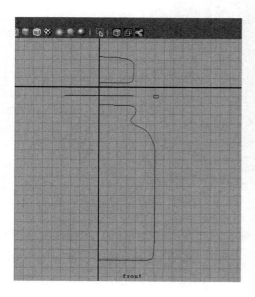 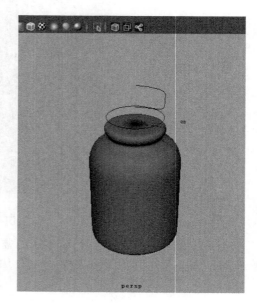

图 4-32   图 4-33

② 选择已经绘制好的瓶盖胶垫盖圈的轮廓线,单击 Surfaces＞Extrude[曲面＞挤出]命令右侧的属性按钮,打开命令参数对话框。设置 Style[样式]为 Tube[圆管],Result Position[结果位置]为 At path[按路径],Pivot[轴]为 Component[组元], Orientation [方向]为 Profile normal[轮廓法线],设置完后单击 Apply[应用]按钮,如图 4-34 和图 4-35 所示。

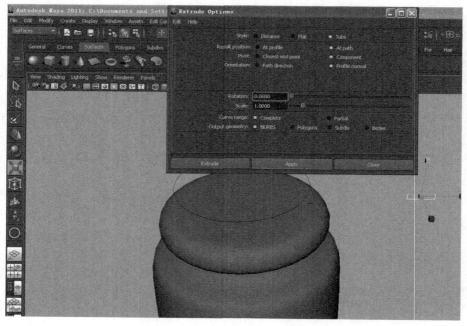

图 4-34

图 4-35

提示：在制作胶垫之前，要先选择截面轮廓，再配合"Shift"键加选路径。使用 Revolve[旋转]命令之前一定要打开命令参数对话框，将前 4 项参数都设置为最后一项，再执行该命令。

③ 运动水壶的瓶盖制作。选择这个部分的曲线，执行 Surfaces＞Revolve[曲面＞旋转]命令，然后在通道栏中将 Start Sweep[开始扫描]数值调整为 180，让模型旋转显示一半，如图 4-36 所示。

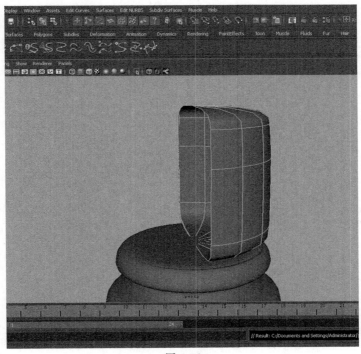

图 4-36

④ 在侧视图中使用 CV 曲线工具创建两条曲线，如图 4-37 所示。执行 Surface＞loft ［曲面＞放样］命令，完成曲面的放样，如图 4-38 所示。接下来制作曲面和瓶盖的交切线。选择瓶盖模型，按住"Shift"键加选放样曲面，执行 Edit Nurbs＞Intersect Surface［编辑 Nurbs＞ 交叉曲面］命令，就会产生一条交切的线，如图 4-39 所示。删除原始放样面片。

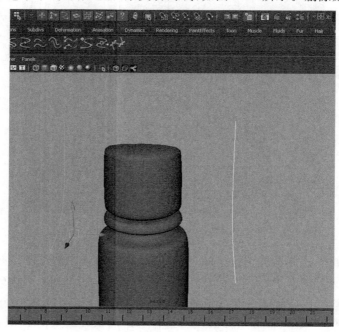

图 4-37

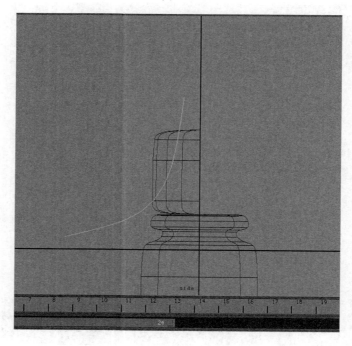

图 4-38

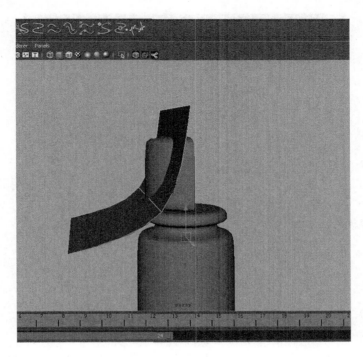

图 4-39

⑤ 选择瓶盖,执行 Edit Nurbs＞Trim Tool［编辑 Nurbs＞修剪工具］命令,单击需要保留的部分,按下"Enter"键,这样就把不需要保留的面删除了,如图 4-40 和图 4-41 所示。

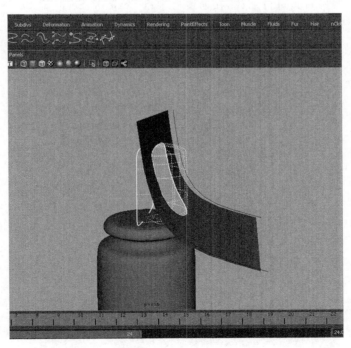

图 4-40

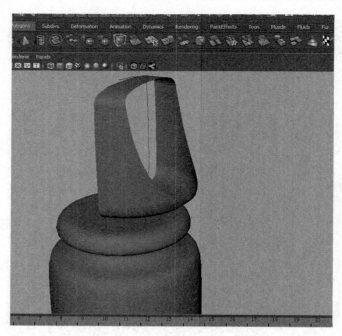

图 4-41

⑥ 选择模型，右击，在弹出的菜单中选择 Trim Edge[修剪边]，进入它的剪切边级别，选择剪切边，然后执行 Edit Curves>Duplicate Surface Curves[编辑曲线>复制曲面曲线]命令，复制曲线。如图 4-42 所示。执行 Modify>Center Pivot[修改>轴心点居中]命令，将它的轴心点居中，然后对其进行缩放，在通道栏中将 Scale X、Scale Y、Scale Z 3 个值都设为 0.7 左右，如图 4-43 所示。

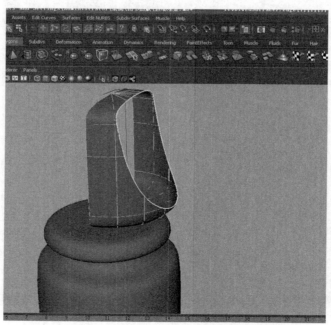

图 4-42

图 4-43

　　⑦ 选择复制出的曲线，单击 Surfaces＞Extrude［曲面＞挤出］命令右侧的属性设置按钮，打开命令参数对话框，设置相应参数，如图 4-44，然后单击 Apply［应用］按钮，挤出形状。如图 4-45 所示。

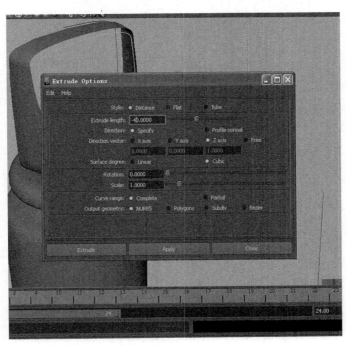

图 4-44

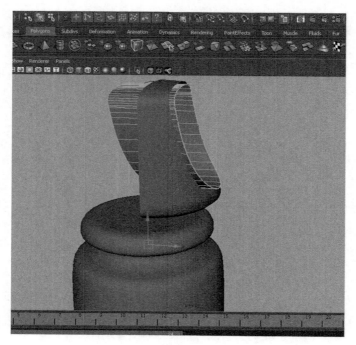

图 4-45

⑧ 接下来可以删除多出的面。切换到侧视图，执行菜单 Create＞Polygon Primitives＞Plane[创建＞多边形基本体＞平面]命令，新建一个与刚刚挤出的模型相交的面片，选中挤出模型，配合"Shift"键加选新建面片，执行 Edit Nurbs＞Intersect Surface[编辑 Nurbs＞ 插入曲面]命令，产生一条交切的线，删除多余面片，如图 4-46 所示。

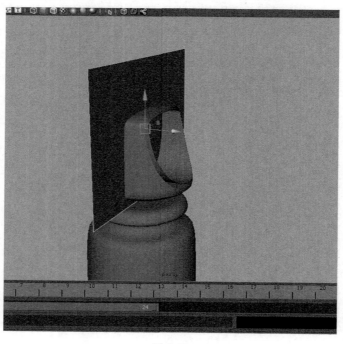

图 4-46

⑨ 选择模型然后执行 Edit Nurbs＞Trim Tool［编辑 Nurbs＞修剪工具］命令，选择需要留下的面，按下"Enter"键，这样多余的部分就会被删除，如图 4-47 所示。

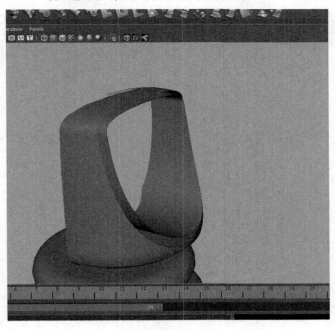

图 4-47

⑩ 选择外面的瓶口，右击，在弹出的菜单中选择 Trim Edge［修剪边］，在剪切边模式下选择边线，按住"Shift"键，加选里面的模型。右击，在弹出的菜单中选择 ISO 线，选择边线，执行 Surface＞Loft［曲面＞放样］命令，这样就形成了一个 Loft 面，如图 4-48 所示。

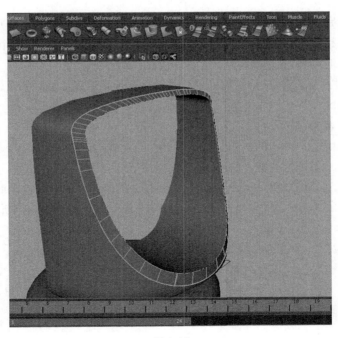

图 4-48

⑪ 按下 Ctrl＋"D"键复制制作好的半边瓶盖模型,使用旋转工具旋转 180°,这样瓶盖模型就全部做好了,如图 4-49 所示。

图 4-49

提示:当制作完成瓶盖的一半后,选择瓶盖的所有曲面,使用快捷键 Ctrl＋"D"进行复制,再配合旋转工具和 Snap Rotate[捕捉旋转]命令将其转到另一侧,整个瓶盖模型制作完成,这样可以极大地提高制作效率。

⑫ 单击状态栏上的■按钮,取消面的选择,然后框选全部曲线,按下 Ctrl＋"H"键隐藏所有的曲线。

步骤 2　瓶子材质设置

① 打开 Windows＞Rendering Editor＞Hypershade,在 Mental ray 材质组下创建一个 mi-car-paint -phen-x 材质,为瓶子创建一个红色的 mental ray 车漆材质。框选模型所有的面,然后在 Hypershade 中将鼠标放在刚创建的材质球上面,右击,在弹出的菜单中执行 Assign Material To Selection[指定材质到选定物体]命令,将材质指定给所选的运动水壶模型,如图 4-50 所示。

② 设置材质参数。在属性编辑器中设置 Spec Weight[高光权重]为 0.1,Spec Sec Weight[次级高光权重]也为 0.2,降低高光的强度,然后在 Flake Parameters[碎片参数]卷展栏中设置 Flake Weight[碎片权重]为 0,Flake Scale[碎片缩放]为 0.03,这样车漆的效果就做好了,如图 4-51 所示。

图 4-50

图 4-51

步骤 3　背景地面的制作

① 创建地面。单击工具架上的创建曲线按钮,绘制曲线,可以按住"Shift"键画直线,如图

4-52 所示。选择绘制曲线,使用 Ctrl+"D"键进行复制,调整两条曲线的位置,执行 Surface>Loft[曲面>放样]命令,如图 4-53 所示,这样一个无缝的背景地面就做好了,删除没有用的多余曲线。

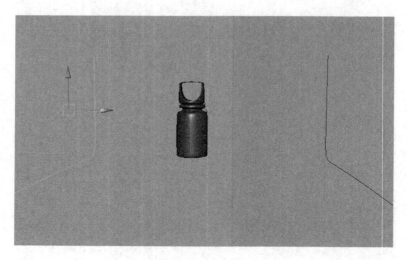

图 4-52

图 4-53

② 创建一块反光板,让瓶身在渲染时产生一定的反光效果。在工具架上单击创建长方体按钮,在运动水壶左上方创建一个长方体,调整其大小、形状和位置,如图 4-54 所示。

③ 为反光板赋予一个材质。选择模型,右击,在弹出的菜单中执行 Assign New Material>Blinn[指定新材质>布林]命令,然后在其属性编辑器中将 Color[输出颜色]设为白色,并单击色板,在颜色菜单中将 V[Value 亮度]设为 1.5,调整 Ambient Color[环境色]为白色,这样环境光更亮一些。再选择反光板,通过 Ctrl+"A"快捷键调出属性编辑器,选择

pCubeShapel 标签,在 Render Stats[渲染状态]卷展栏中取消 Cast Shadows[透射阴影]、Receive Shadows[接收阴影]和 Primary Visibility[基本可见]选项的勾选,如图 4-55 所示,这样反光板在渲染中将不可见和没有投影映射。

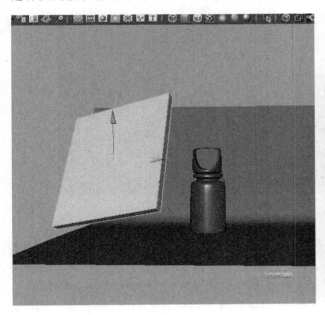

图 4-54   图 4-55

提示:在实际制作中,经常需要在创建中架设反光板。在设置反光板材质的时候要注意,最常用的是为反光板赋予一个 Surface Shader[表面材质],并且将 Out Color[外部颜色]设置为纯白色,同时将该颜色的 V[Value 亮度]值调高一些,要配合渲染效果决定该参数值的具体大小。对于反光板模型,一定要在属性编辑器的 Render State[渲染状态]卷展栏中,取消 Cast Shadows[投影阴影]、Receive Shadows[接受阴影]和 Primary Visibility[主可见性]选项的勾选,这样才能保证渲染的时候反光板不被渲染出来,而且也不会对物体进行投影,不会阻挡光源的传播。

④ 对当前效果进行渲染。在状态栏上单击渲染设置按钮,在打开的 Render View 窗口中将渲染模式切换到 Mental ray 模式下进行渲染,初步渲染效果如图 4-56 所示。

步骤 4 运动水壶的标签制作

① 选中瓶身,按下 Ctrl+"H"键将瓶身隐

图 4-56

藏,在大纲视图中找到创建瓶身的原始 CV 曲线,按下 Shift+"H"键将其显示出来,选择这条线,切换到 Surface[曲面]菜单组下,单击 Surfaces>Revolve[曲面>旋转]命令右侧的属性按钮,打开命令参数对话框,设置 Curve range[曲线范围]为 partial[局部],这样我们就可

以局部上下进行修改了。在通道栏中单击 Revolve3，展开其参数，将 Start Sweep［开始扫描］值设为 72 左右［这里的具体数值可能根据模型有所不同］，展开 SubCurve1 参数，将 Min value［最小值］设为如图 4-57 所示［这里的具体数值可能根据模型有所不同］。

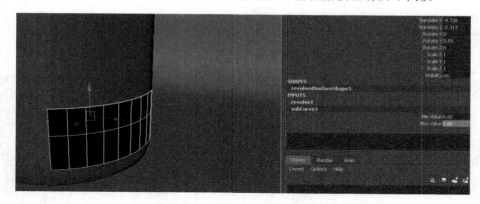

图 4-57

② 并将其旋转到正对视图的位置，按下 Shift＋"H"键将瓶子显示出来，这样水壶的标签就做好了，如图 4-58 所示。

③ 为标签赋予材质。选择标签，右击，在弹出的菜单中执行 Assign New Material＞Lambert［指定新建材质＞兰伯特］命令，在打开的属性编辑器中将 Color［颜色］设为黑色，单击 Transparency［透明度］右侧的按钮，对透明通道进行贴图操作。在弹出的创建渲染节点窗口中，单击 File［文件］按钮，然后在弹出的属性编辑器的 File2 标签下，单击 Image Name［图像名称］右侧的按钮，将事先准备好的的标志图片导入，在 File Attributes［文件属性］卷展栏中设置 Filer Type［过滤类型］为 Off，然后找到 File1 标签面板，勾选 Color Balance［颜色平衡］卷展栏中的 Alpha Is Luminance 选项，找到 place2dTexture1 贴图坐标属性面板，设置 Rotate Frame 值 90.000，设置 Repeat UV［重复 UV］参数的 V 值为－1，单击渲染按钮，进行渲染，效果如图 4-59 所示，这样标志就制作完成了。

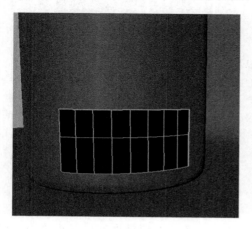

图 4-58

图 4-59

提示：在设置瓶子的材质时，瓶盖和瓶身使用了 Mental ray 的 mi_car_paint_phen【车漆】材质；胶垫使用默认的 Lambert 材质；而商标也使用 Lambert 材质，并为其 Transparency［透明］通道贴一张商标贴图，再进行相应设置即可。详细设置如下：首先在导入商标贴图时，要将 Filer Type［过滤类型］参数设置为 Off，这样可以保证贴图在导入后不会因抗锯齿处理而模糊，然后在 Color Balance［颜色平衡］卷展栏中，勾选 Alpha Is Illuminance［将 Alpha 通道的亮度］选项，这样渲染得到的透明度效果就是正确的。

步骤 5　胶垫材质的制作和调整渲染精度

① 选择胶垫，右击，在弹出的菜单中执行 Assign New Material＞Blinn［指定新材质＞布林］命令，然后调节 Blinn 材质的颜色，让它偏向暖色调，单击渲染按钮进行渲染进行调整观察。

② 在状态栏上单击渲染设置按钮，打开渲染设置窗口，在 Quality［质量］标签下设置 Quality Presets［质量预设］为 Production［产品级］。在 Indirect Lighting［间接灯光］标签下 Environment［环境］卷展栏的 Physical Sun and Sky 参数后面单击 Create［创建］按钮，创建一盏天光。在 Final Gathering［最终聚集］卷展栏中勾选 Final Gathering［最终聚集］选项。

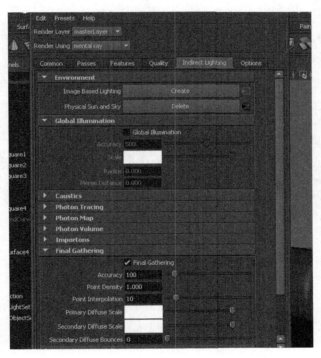

图 4-60

③ 执行 Window＞Rendering Editors＞Hypershade［窗口＞渲染编辑器＞材质编辑器］命令，打开材质编辑器。选择 Utilities 标签，删除 mia_exposure_simple 曝光节点，如图 4-61 所示。

④ 在大纲视图中找到 SunDirection［太阳光方向］，然后在属性编辑器中找到 mia_physicalsky1 标签下 Shading［材质］卷展栏中的 Multiplier［倍增］参数，将其改为 0.3，如图 4-62 所示。单击最终渲染按钮进行渲染，如图 4-63 所示。至此瓶子的效果就全部制作完成了。

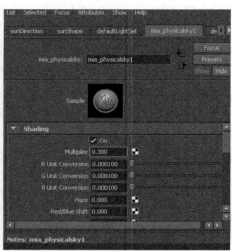

图 4-61　　　　　　　　　　　　　　图 4-62

图 4-63

4.3　细　分　建　模

　　细分建模是一种比较新的技术,它综合 Nurbs 建模和多边形建模的技术和优点,模型细节更加丰富,同时使模型拥有 Nurbs 一样的光滑曲面。

　　实例制作:手指模型的建模

　　手指分为指体和指甲两大部分,先创建一个立方体作为指体的基本形状,再使用 Insert Edge Loop Tool[插入环形边工具]为模型加线,最后进行编辑即可。具体步骤如下。

① 执行菜单 Create＞Subdiv Primitives＞Cube[创建＞细分基本体＞立方体]命令,创建细分立方体,使用缩放工具调整细分立方体的大小,如图 4-64 所示。

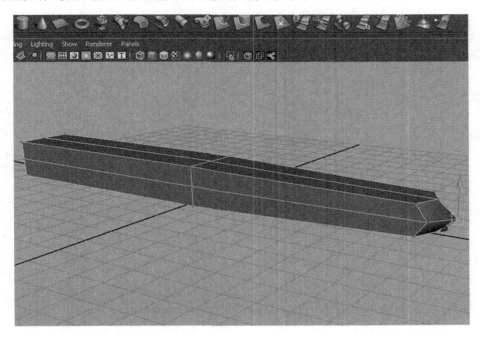

图 4-64

② 按下键盘上的"3"键,高精度显示细分模型,执行菜单 Edit Mesh＞ Insert Edge Loop Tool[编辑网格＞插入环形边工具]命令,为模型添加循环边,如图 4-65 所示。

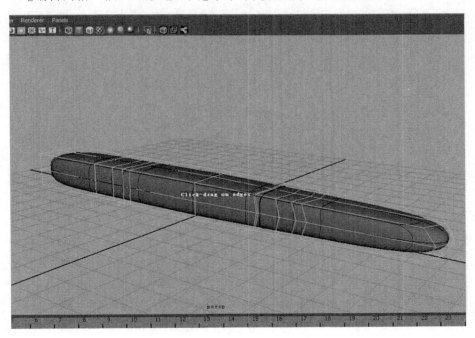

图 4-65

③ 进入 Vertex[顶点]级别,框选手指末端的点,调整它们的位置,框选底端的面,按下
"Delete"键进行删除,结果如图 4-66 所示。

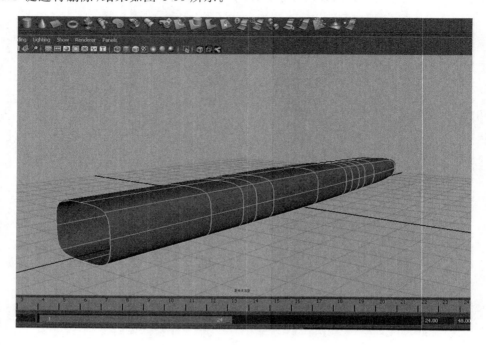

图 4-66

④ 进入 Vertex[顶点]级别,调整这些点的所在位置,结果如图 4-67 所示。

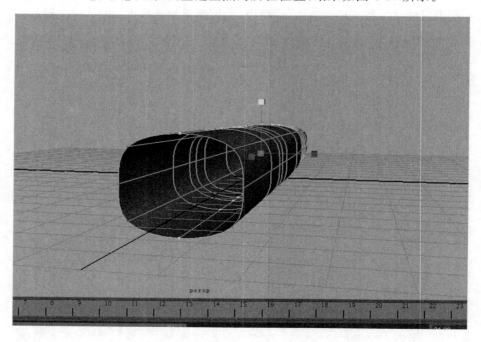

图 4-67

⑤ 选中模型,右击进入到 Face[面]级别,选择指甲位置的面,执行菜单 Edit Mesh>Extrude[编辑网格>挤出]命令,可以使用操纵器手柄来编辑挤出的曲面,可以利用"G"键重复操作,结果如图 4-68 所示。

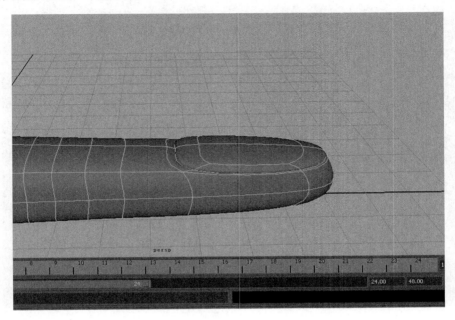

图 4-68

⑥ 进入 Vertex[顶点]级别,选择手指顶端的点,调整这些点的所在位置,使模型更加符合手指造型,如图 4-69 所示。

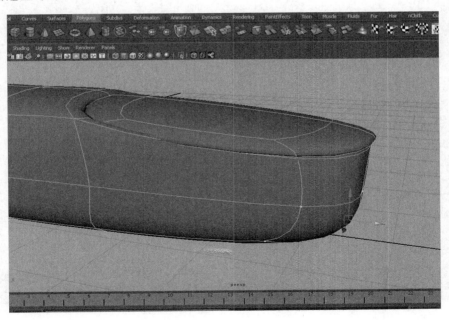

图 4-69

⑦ 执行菜单 Edit Mesh＞ Insert Edge Loop Tool[编辑网格＞插入环形边工具]命令，为模型添加循环边，如图 4-70 所示。

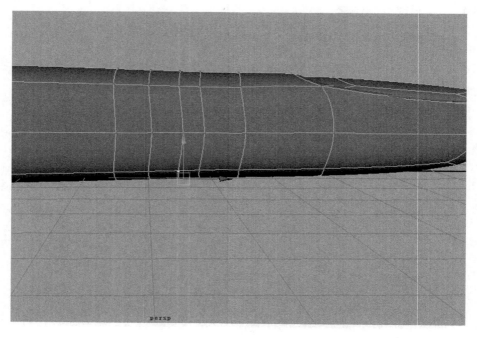

图 4-70

⑧ 再次进入 Vertex[顶点]级别，调整点的所在位置，如图 4-71 所示。

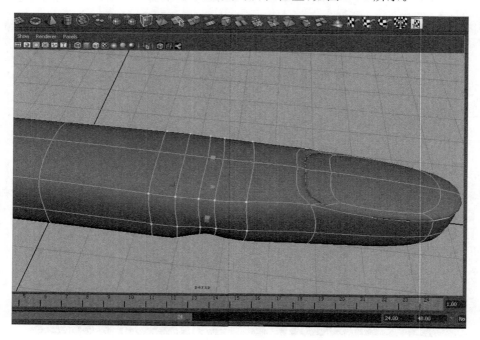

图 4-71

⑨ 进入到 Face[面]级别,选择手指关节位置的面,执行菜单 Edit Mesh＞Extrude[编辑网格＞挤出]命令,可以使用操纵手柄来编辑挤出的曲面,结果如图 4-72 所示。

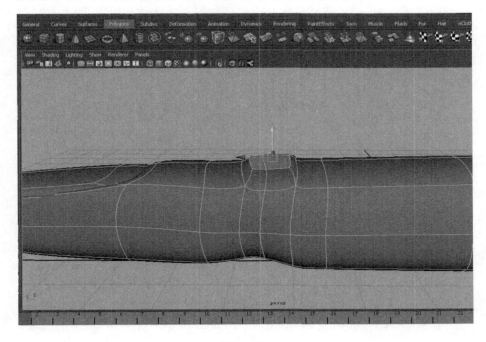

图 4-72

⑩ 继续使用移动、旋转和缩放工具调整指甲的位置和大小,指甲模型如图 4-73 所示。

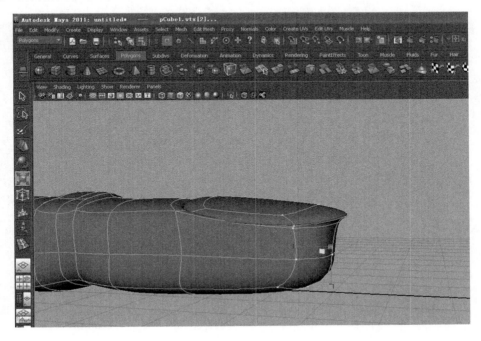

图 4-73

⑪ 右击，从弹出的快捷菜单中选择 Vertex[顶点]命令，进入顶点层级的编辑模式，使用移动工具调整选择顶点的位置，可以继续对手指外形整体进行调节，最终效果如图 4-74 所示。

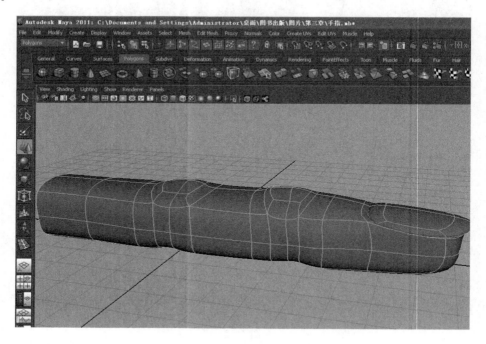

图 4-74

5.1　台灯模型的制作

步骤 1　台灯支架模型搭建

① 在制作一个较为复杂的模型之前,我们可以先进行简易模型的搭建,通过创建最基础的模型,将其摆放好大体的位置,然后再创建各个部分的细致模型。在侧视图中创建底座。在工具架上的 Polygons[多边形]标签中单击创建圆柱体按钮,创建一个圆柱体,对其进行压扁和放大操作,如图 5-1 所示。

② 在主界面中切换至 Polygons[多边形]模块,在工具栏菜单中单击创建立方体按钮,对其进行拉长,缩小至如图 5-2 所示的位置,然后选择物体,按下 Ctrl＋"D"键对选中两个长方体并再次进行复制,摆放到图如图 5-3 所示的位置。

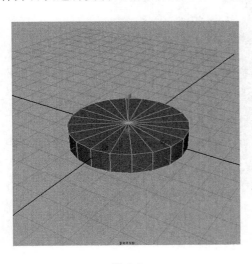

图 5-1

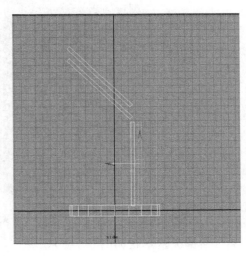

图 5-2

③ 使用圆柱体创建灯头模型。在工具架 Polygons[多边形]标签下单击创建一个圆柱体按钮,将其摆放到灯头的位置,并将圆柱体放大。在通道栏中将圆柱体 Subdivisions Caps[盖部细分]值设为 0。使其顶、底盖的段数为 0。选择面,单击 Polygons[多边形]标签下的挤出按钮,对圆柱体顶面进行挤出操作,继续对模型进行调整,按下"G"键,重复上一步的命

令,得到如图 5-4 和图 5-5 所示的模型。

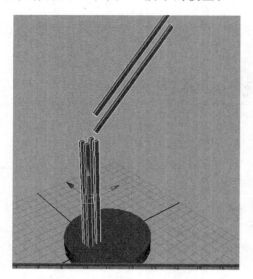

图 5-3

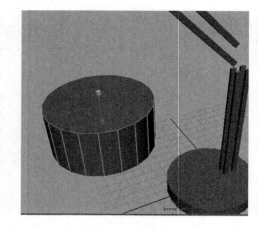

图 5-4

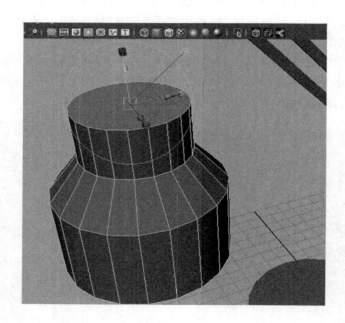

图 5-5

调整后的大致形状如图 5-6 所示。

步骤 2　底座制作

① 选中底座模型,在通道栏中将圆柱体 Subdivisions Caps[盖部细分]值设为 0,执行 Edit Mesh>Insert Edge Loop Tool[编辑网格>插入循环边线工具]命令,为模型加一圈边,如图 5-7 所示。

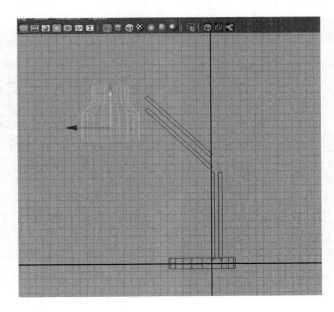

图 5-6

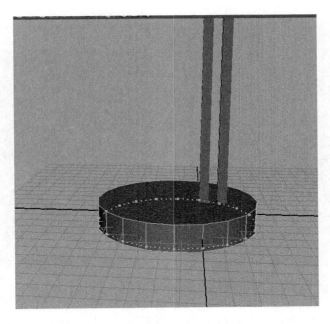

图 5-7

② 选择顶部的面,单击 Polygons[多边形]标签下的挤出按钮,对该面进行挤出操作,如图 5-8 所示。

③ 选择侧面的一圈面,单击挤出按钮,对物体进行挤出操作,然后按下"G"键,再次进行挤出命令,接着选中底部的面,向底座内部做挤出操作,如图 5-9 和图 5-10 所示。

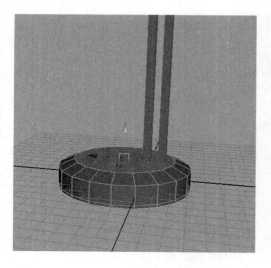

图 5-8

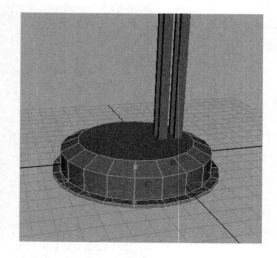

图 5-9

图 5-10

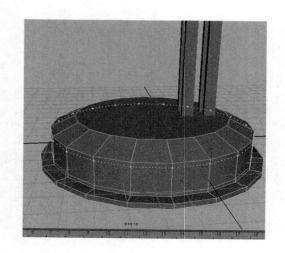

图 5-11

④ 执行 Edit Mesh＞Insert Edge Loop Tool［编辑网格＞插入循环边线工具］命令，为模型转折处加两圈边，并按下"3"键，显示圆滑后的效果进行观察，如图 5-11 和图 5-12 所示。

步骤 3　底部支架制作

① 在工具架 Polygons［多边形］标签下单击创建一个圆柱体按钮，将创建的圆柱体其摆放到如图 5-13 所示的位置。在通道栏中将圆柱体 Subdivisions Caps［盖部细分］值设为 0。

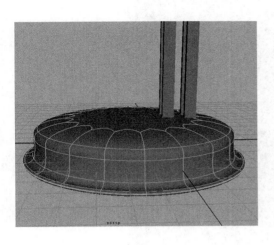

图 5-12   图 5-13

② 在工具架 Polygons[多边形]标签下单击创建面片按钮,在前视图中创建一个面片,然后 Subdivisions Width[细分宽度]值和 Subdivisions Height[细分高度]值均设为 1,如图 5-14 所示。

③ 选中物体,右击,在弹出的菜单中选择 Vertex[顶点]选项,进入点选择模式。删除一个顶点,使其成为一个三角形,如图 5-15 所示。

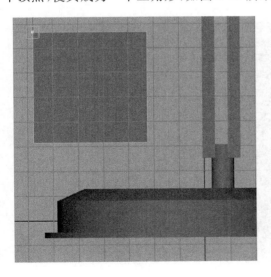

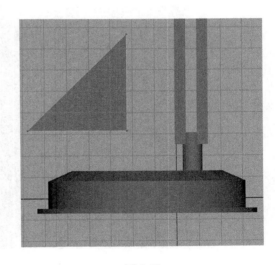

图 5-14   图 5-15

④ 选中物体右击选中 Face[面]级菜单,选择三角形的一个面,单击 Extrude[挤出]按钮,对物体进行挤出操作命令,使物体产生一定的厚度,如图 5-16 所示。

⑤ 当前模型物体的边角转折部分比较生硬,我们可以对物体进行倒角命令,使其转角更圆润一些。选择物体,右击,在弹出的菜单中选择 Edge[边]选项,进入边选择模式,选中

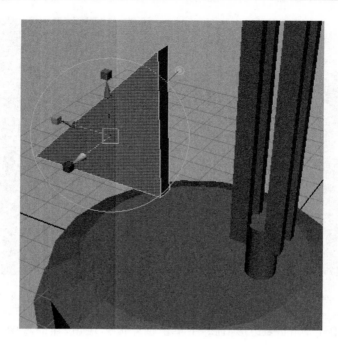

图 5-16

一条转折边。软件切换到 Polygons[多边形]模块,然后单击 Edit Mesh>Bevel[编辑网格 >倒角]命令右侧的按钮,打开参数窗口,调整 Width[宽度]和 Segment[分段]参数,单击 Apply[应用]按钮。如图 5-17 所示。

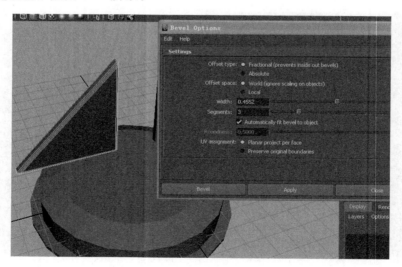

图 5-17

⑥ 执行 Modify>Center pivot[修改>轴心点居中]命令,使物体的轴心点居中,然后调整物体的大小和厚度,并摆放好位置。按下 Ctrl+"D"键,复制一个新物体,如图 5-18 所示。

⑦ 接下来选中任意一根支撑柱,调整柱子的形状,执行 Edit Mesh>Insert Edge Loop Tool[编辑网格>插入循环边线工具]命令,为模型加四圈环形边,如图 5-19 所示。

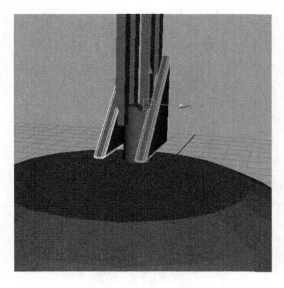

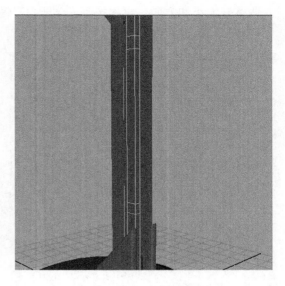

图 5-18　　　　　　　　　　　　　　　　　图 5-19

⑧ 选中物体右击,在弹出的菜单中选择 Face[面]选项,进入面选择模式选项,选中长方体最上方和最下方的两面,向外进行拖曳,如图 5-20 所示。

⑨ 为了增强模型真实感,继续选中模型外圈的边为模型做倒角。单击 Edit Mesh>Bevel[编辑网格>倒角]命令右侧的按钮,打开参数窗口,设置 Width[宽度]和 Segments[分段]参数,如图 5-21 所示。

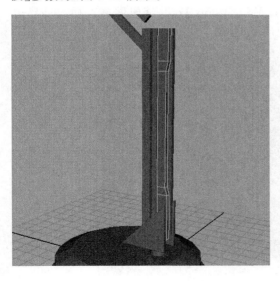

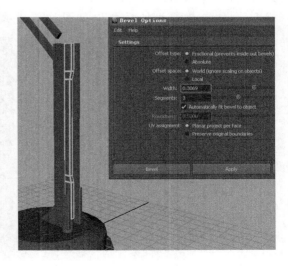

图 5-20　　　　　　　　　　　　　　　　　图 5-21

⑩ 删除没有调整过的初始建立的模型,选择最终调整修改后的模型并按下 Ctrl+"D"键复制一份,调整复制模型摆放合适位置,如图 5-22 所示。

步骤 4　中部固定支架零件的制作

① 选中底部支架的小三角零件,按下 Ctrl+"D"键复制一个零件,然后放到支架上端,

并调整好大小和方向。再次按下 Ctrl＋"D"键复制一个零件,调整到支架的另一面合适位置,如图 5-23 所示。

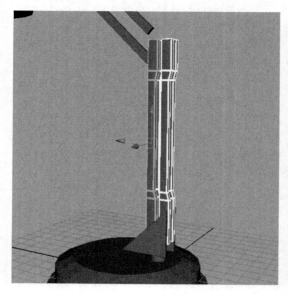

图 5-22   图 5-23

② 选择顶部两个长方体拉杆,在边选择模式下选中全部边,单击 Edit Mesh＞Bevel[编辑网格＞倒角]命令右侧的按钮,打开参数窗口,设置 Width[宽度]和 Segments[分段]参数,如图 5-24 所示,然后执行 Edit Mesh＞Insert Edge Loop Tool[编辑网格＞插入循环边线工具]命令,为模型加两圈边,如图 5-25 所示。

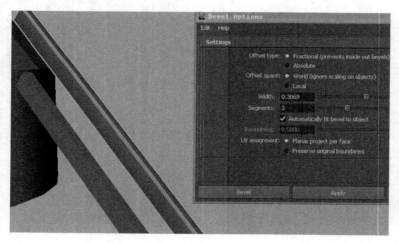

图 5-24

③ 对台灯的支杆进行移动并摆放好位置,同时调灯罩的位置,放在合适的位置,如图 5-26 所示。

④ 连接支杆的小零件制作。在工具架 Polygons[多边形]标签下单击立方体按钮,建立一个

立方体,将模型拉长并压扁,然后进入点选择模式并将上部的点选中进行调节,如图 5-27 所示。

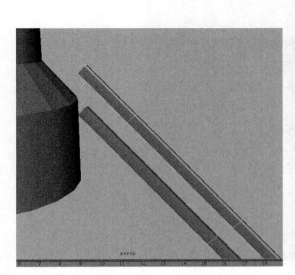

图 5-25　　　　　　　　　　　　　　　　图 5-26

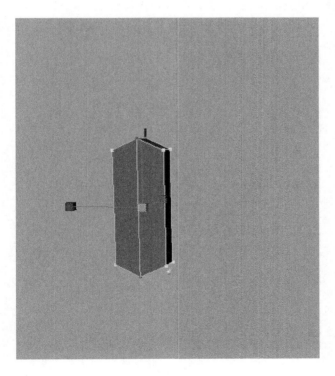

图 5-27

⑤ 在长方体在边层级选择模式下选中模型所有的外围边,单击 Edit Mesh＞Bevel［编辑网格＞倒角］命令右侧的按钮,打开参数窗口,设置 Width［宽度］和 Segments［分段］参数,如图 5-28 所示。

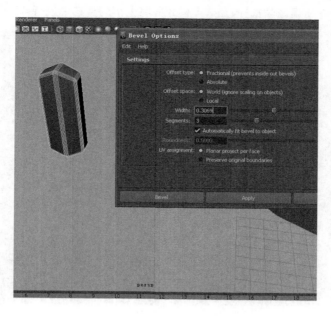

图 5-28

⑥ 将模型移动到相应的位置上，对其形状稍作调整，利用挤压工具压扁一些，同时在点层级模式下再拉长一些。按下 Ctrl＋"D"键再复制一个移动到适当位置，如图 5-29 所示。

图 5-29

⑦ 使用 Ctrl＋"D"键将这组零件模型再复制一组,进行缩小并拉长操作,然后放到相应的位置,如图 5-30 所示。

图 5-30

步骤 5　台灯灯罩制作

① 选中台灯灯罩模型,右击,进入面层级的选择模式,删除模型的顶面和底面,如图 5-31 所示。

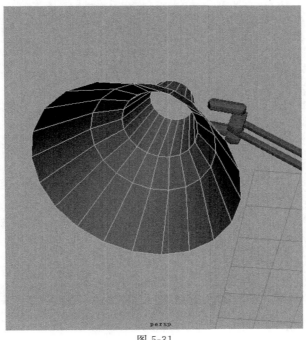

图 5-31

② 执行 Edit Mesh>Insert Edge Loop Tool[编辑网格>插入循环边线工具]命令,为模型加三圈边,如图 5-32 所示。进入面选择模式,框选模型,选中全部面,在工具架上单击挤出按钮,对物体进行挤出操作。使得整个灯罩产生相应厚度,增加模型立体感,如图 5-33所示。

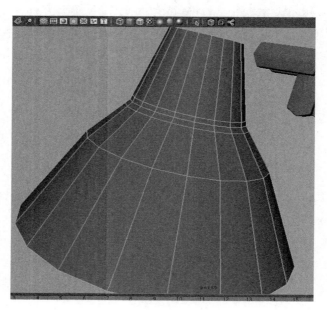

图 5-32

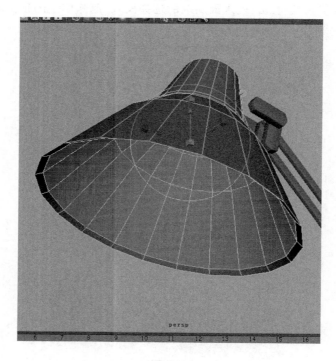

图 5-33

③ 执行 Edit Mesh＞Insert Edge Loop Tool[编辑网格＞插入循环边线工具]命令,在模型转折处加可以加两圈边,增加模型的光滑度。如图 5-34 所示。

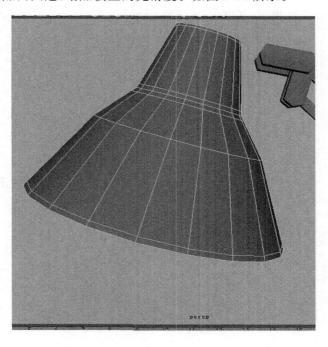

图 5-34

④ 制作灯头与灯杆的连接零件。切换至 Polygons[多边形]模块下,在工具架上单击创建圆柱体按钮,创建一个圆柱体,在通道栏中将圆柱体 Subdivisions Caps[盖部细分]值设为0,将物体移至合适位置,如图 5-35 所示位置。

图 5-35

步骤 6 连接灯头部分和灯杆

① 利用 Extrude[挤出]命令，选中圆柱体后面的面向内进行挤出操作，接着按下"G"键，再次进挤出，建立零件模型，如图 5-36 所示。

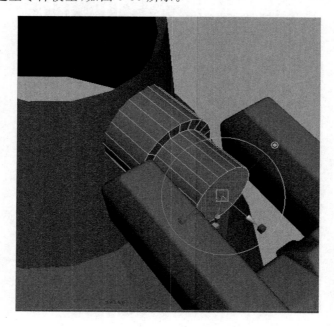

图 5-36

② 执行 Edit Mesh>Insert Edge Loop Tool[编辑网格>插入循环边线工具]命令，在模型的转折处添加两圈边，如图 5-37 所示。

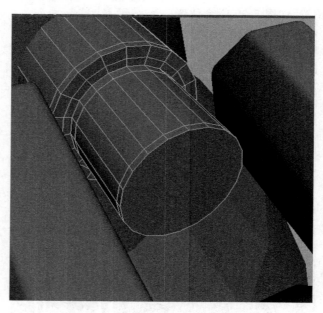

图 5-37

步骤 7　台灯灯泡创建

① 确认在 Polygons[多边形]模块下,在工具架上单击创建球体按钮,创建一个球体,将其放大并放到相应的位置上。在通道栏中将 Subdivisions Axis[细分轴]值设为 15,Subdivisions Height[细分高度]值设为 6,如图 5-38 所示。

图 5-38

② 右击物体进入面级菜单,选中球体上面的面,将其拉长、缩小并挤出,然后按下数字"3"键,显示圆滑后的效果,如图 5-39 所示。

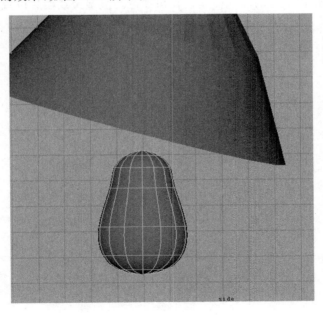

图 5-39

步骤 8　台灯灯头与灯泡衔接零件模型的制作

① 单击创建圆柱体按钮,创建一个圆柱体,将圆柱体摆放到灯罩内部,并适当调整大小,在面层级下选择顶面并执行挤出命令,继续重复挤出命令,达到如图 5-40 所示效果。

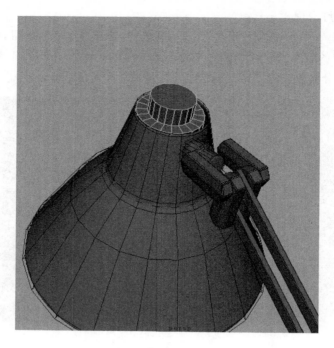

图 5-40

② 为零件物体加边。执行 Edit Mesh＞Insert Edge Loop Tool［编辑网格＞插入循环边线工具］命令，为灯泡上方的圆柱体模型转角加边。模型大致摆放位置如图 5-41 所示。

图 5-41

步骤 9　灯杆的衔接螺丝创建

① 单击创建圆柱体按钮，创建一个圆柱体，在通道栏中将 Subdivisions Axis［细分轴］值设为 5，Subdivisions Caps［盖部细分］值设为 0，如图 5-42 所示。

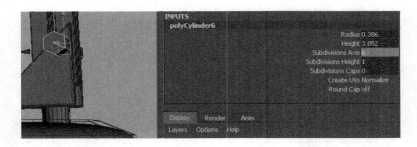

图 5-42

② 选中全部边,单击 Edit Mesh>Bevel[编辑网格>倒角]命令右侧的按钮,在打开的命令参数窗口中设置各项参数,对螺丝模型进行倒角命令。如图 5-43 所示。

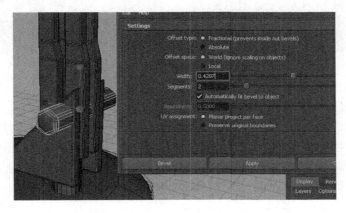

图 5-43

③ 将螺丝模型分别复制并摆放到需要的位置,如图 5-44、图 5-45 和图 5-46 所示。

图 5-44

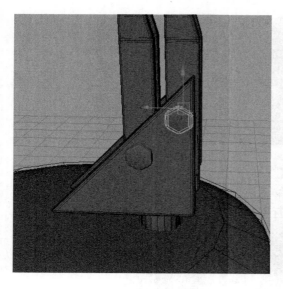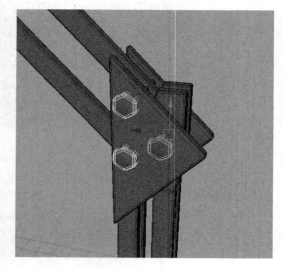

图 5-45 图 5-46

步骤 10 场景整理

选择当前场景内的所有物体,执行 Edit>Delete by Type History[编辑>删除历史]命令,删除场景中的物体的历史记录,确认物体最终形态。框选场景中全部物体,按下 Ctrl＋ "G"键,为所有物体新建一个组并重命名,然后在大纲视图中删除多余的物体。台灯模型基本创建完毕,如图 5-47 所示。

图 5-47

5.2　台灯模型的机械骨骼绑定

使用 Maya 设置动画命令之前,需要进行模型绑定。只有对创建好的模型进行骨骼绑定,才能在后面调节动画的时候更加自由方便地对模型进行操作,不容易出现错误。所以绑定对动画制作来说是一项非常重要和需要极大耐心的前期准备工作。

步骤 1　骨骼创建

① 在 Maya 软件中切换至 Animation[动画]模块,执行 Skeleton>Joint Tool [骨骼>节点工具]命令,在侧视图中进行骨骼节点的创建。

提示:创建每一段骨骼时,要先选好起点和结束点,然后按下 Enter 键来完成创作。创建的骨骼一定要对准位置,如图 5-48 所示。

② 在菜单栏中执行 Display>Animation> Joint Size[显示>动画>关节大小]命令,可以调节骨骼显示的大小。

提示:如果在某一部位有多段骨骼,可以在通道栏中更改 Radius[半径]值,改变单个骨骼的大小值,以便快速选择。

③ 继续创建骨骼,共创建 9 根主体骨骼和两根控制驱动骨骼[10 号和 11 号]。骨骼的创建应该自下而上,先创建根部的骨节点,再创建顶部骨节点,如图 5-49 所示。

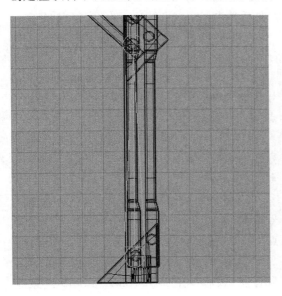

图 5-48

图 5-49

提示:在已经创建过骨骼的位置上再次创建骨骼时,为了避免两根骨骼连在一起,不要直接在上面创建,可以先在旁边创建,然后在手动移到里面。

步骤 2　主体骨骼之间的约束

① 选中 1 号骨骼的顶端节点并加选 5 号骨骼,然后单击 Constrain>Point[约束>点]命令右侧的命令属性参数按钮,打开命令参数窗口,如图 5-50 所示。单击 Apply[应用]按

钮,让 1 号骨骼约束 5 号骨骼。

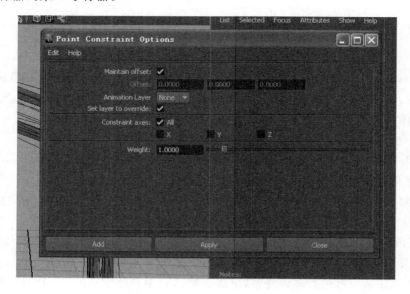

图 5-50

提示:被约束的骨骼会在通道栏中以淡蓝色显示。如果想解除约束,直接在参数栏上右击,在弹出的菜单中选择 Break Connections[打断链接]选项即可。

② 选中 1 号骨骼的顶端节点并加选 3 号骨骼,然后单击 Constrain>Point[约束>点]命令。

提示:这样操作的目的是当 1 号骨骼做旋转等操作时,3 号和 5 号骨骼就会跟随一号骨骼运动,并且还会保持当前的角度,如图 5-51 所示。

图 5-51

③ 选中 2 号骨骼的顶端节点并加选 3 号骨骼,然后单击 Constrain>Point[约束>点]命令做点约束。

④ 选中 2 号骨骼的顶端节点并加选 4 号骨骼,然后单击 Constrain>Point[约束>点]命令做点约束。

⑤ 选中 4 号骨骼的顶端节点并加选 6 号骨骼,然后单击 Constrain>Point[约束>点]命令做点约束。

⑥ 选中 5 号骨骼的顶端节点并加选 7 号骨骼,然后单击 Constrain>Point[约束>点]命令做点约束。

⑦ 选中 6 号骨骼的顶端节点并加选 8 号骨骼,然后单击 Constrain>Point[约束>点]命令做点约束。

⑧ 选中 6 号骨骼的顶端节点并加选 7 号骨骼,然后单击 Constrain>Point[约束>点]命令做点约束。

⑨ 选中 8 号骨骼的顶端节点并加选 9 号骨骼,然后单击 Constrain＞Point［约束＞点］命令做点约束。

提示:在没做完一个约束后,都可以通过多骨骼的旋转来检查是否约束上。

步骤 3　加入驱动骨骼的约束

① 选中 10 号骨骼并加选 1 号,然后执行 Constrain＞Orient［约束＞方向］命令做旋转约束。

② 选中 10 号骨骼并加选 2 号,然后执行 Constrain＞Orient［约束＞方向］命令做旋转约束。

③ 选中 11 号骨骼并加选 5 号,然后执行 Constrain＞Orient［约束＞方向］命令做旋转约束。

④ 选中 11 号骨骼并加选 6 号,然后执行 Constrain＞Orient［约束＞方向］命令做旋转约束。

步骤 4　为模型设置父子约束

当前台灯模型中的每个零件都是独立的,我们可以通过父子约束方式将每个物体分配到相关骨骼,作为其子物体,利用骨骼约束完成后期的操作和设置。

① 选择 1 号骨骼旁边的物体［绿色选中物体］,然后加选 1 号骨骼,按下键盘上的“P”键,将骨骼旁边的零件设为 1 号骨骼的子物体,当 1 号骨骼被选中的时候,选择中的子物体都将被受 1 号骨骼影响,如图 5-52 所示。

提示:父子约束的快捷键是“P”,父子约束的操作方式是先选子物体再加选父物体。

② 选择 2 号骨骼旁边的物体［绿色选中物体］,然后加选 2 号骨骼,按下键盘上的“P”键,如图 5-53 所示。

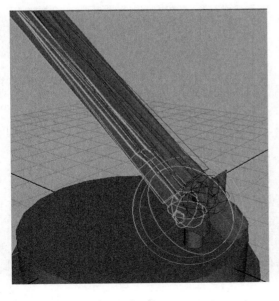

图 5-52

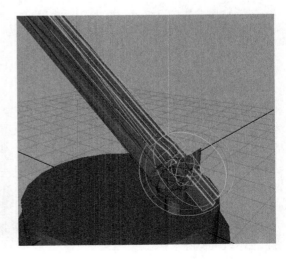

图 5-53

③ 选择 3 号骨骼旁边的物体［绿色选中物体］,然后加选 3 号骨骼,按下键盘上的“P”键,如图 5-54 所示。

④ 选择 4 号骨骼旁边的物体［绿色选中物体］，然后加选 2 号骨骼，按下键盘上的"P"键，如 5-55 所示。

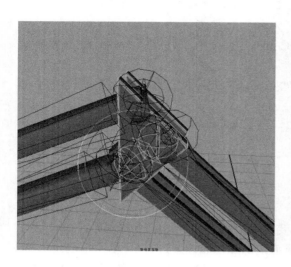

图 5-54

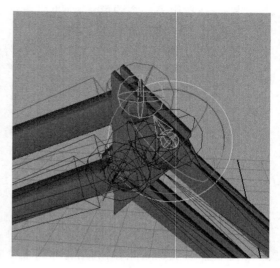

图 5-55

⑤ 选择 5 号骨骼旁边的物体［绿色选中物体］，然后加选 5 号骨骼，按下键盘上的"P"键，如图 5-56 所示。

⑥ 选择 6 号骨骼旁边的物体［绿色选中物体］，然后加选 6 号骨骼，按下键盘上的"P"键，如图 5-57 所示。

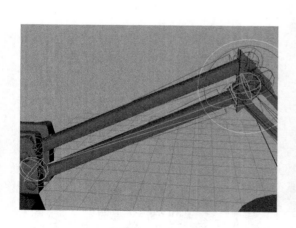

图 5-56

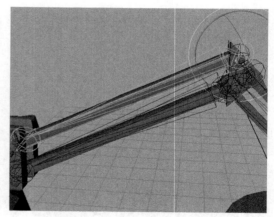

图 5-57

⑦ 选择 7 号骨骼旁边的物体［绿色选中物体］，然后加选 7 号骨骼，按下键盘上的"P"键，如图 5-58 所示。

⑧ 选择 8 号骨骼旁边的物体［绿色选中物体］，然后加选 8 号骨骼，按下键盘上的"P"键，如图 5-59 所示。

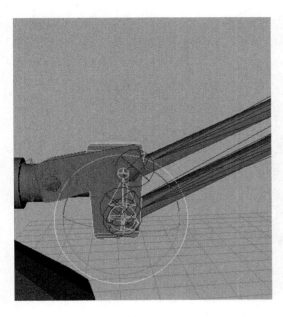

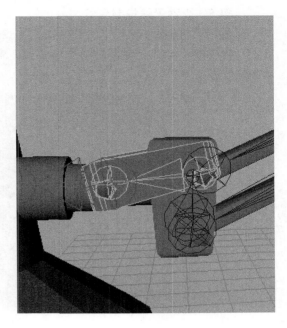

图 5-58　　　　　　　　　　　　　　　　图 5-59

⑨ 选择灯头所有的物体并加选 9 号骨骼［绿色选中物体］，按下键盘上"P"键，当前整体效果如图 5-60 所示。

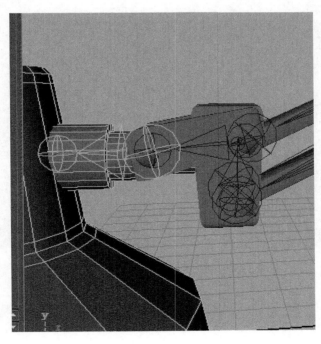

图 5-60

步骤 5 驱动骨骼控制台灯

通过驱动骨骼可以控制台灯整体的移动和拉伸。如图 5-61 和图 5-62 所示。接下来可以通过骨骼的设定和关键帧的调整来完成骨骼的创建。后期可以通过对驱动骨骼的关键帧设置完成驱动骨骼动画。

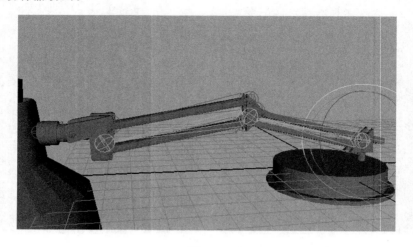

图 5-61

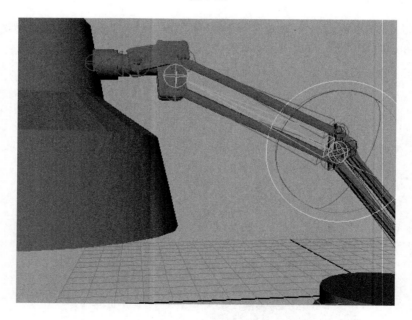

图 5-62

第6章　Maya的材质制作

6.1　材质的基本概念

构建出优秀的模型，只是成功完成三维动画的开端。当模型完成以后，为了表现出模型对象各种不同的属性，需要给模型对象的表面或各组成部分赋予不同的物理属性和表面属性定义，这个制作过程就是材质设定。首先，大家要了解材质，材质是指某个表面的最基础的材料，如木质、塑料、金属或者玻璃等，其实就是附着在材质之上的纹理，比如生锈的钢板，满是尘土的台面，绿花纹的大理石，红色织物以及结满霜的玻璃等。纹理要有丰富的视觉感受和对材质质感的体现。

6.1.1　Maya材质球的使用特性

打开 Windows＞Rendering Editor＞Hypershade［窗口命令＞渲染编辑＞材质编辑器］，Maya 材质编辑器的常用类型如图 6-1 所示。

先介绍一下材质球的概念，在 Maya 或者是其他三维软件中一般都有。Lambert、Phong、phongE、Blinn 及 Anisotropic 几种材质，另外还有 Layer Shader、Surface Shader、Shading Maps、Use Background 等几种特殊的材质类型。

① Blinn：具有较好的软高光效果，是许多艺术家经常使用的材质，有高质量的镜面高光效果，所使用的参数是 Eccentricity Specular roll off 等值对高光的柔化程度和高光的亮度，这适用于一些有机表面。

② Lambert：它不包括任何镜面属性，对粗糙物体来说，这项属性是非常有用的，它不会反射出周围的环境。Lambert 材质可以是透明的，在光线追踪渲染中发生折射，但是如果没有镜面属性，该类型就不会发生折射。平坦的磨光效果可以用于砖或混凝土表面。它多用于不

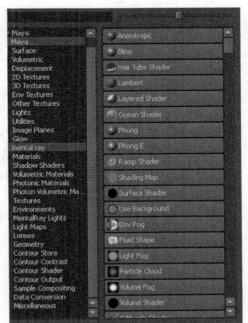

图 6-1

光滑的表面,是一种自然材质,常用来表现自然界的物体材质,如:木头、岩石等。

③ Phong:有明显的高光区,适用于湿滑的、表面具有光泽的物体。如:玻璃、水等。利用 cosine Power 对 blinn 材质的高光区域进行调节。

④ PhongE:它能很好地根据材质的透明度为控制高光区的效果。如果要创建比较光泽的表面效果,它是 Roughness 属性,控制高亮节的柔和性;Whiteness 属性,控制高亮的密度,以及 Hight light Size 属性等。

⑤ Layer shade:它可以将不同的材质节点合成在一起。每一层都具有其自己的属性,每种材质都可以单独设计,然后连接到分层底纹上。上层的透明度可以调整或者建立贴图,显示出下层的某个部分。在层材质中,白色的区域是完全透明的,黑色区域是完全不透明的。

⑥ Anisotropic:各向异性:这种材质类型用于模拟具有微细凹槽的表面,镜面高亮与凹槽的方向接近于垂直。某些材质,例如:头发、斑点和 CD 盘片,都具有各向异性的高亮。

⑦ Shading map:给表面添加一个颜色,通常应用于非现实或卡通、阴影效果。

⑧ Surface Shader:给材质节点赋以颜色,有些和 Shading map 差不多,但是它除了颜色以外,还有透明度,辉光度还有光洁度,所以在目前的卡通材质的节点里,选择 Surface Shader 比较多。

⑨ Use Background:有 Specular 和 Reflectivity 两个变量,用来作光影追踪,一般用来作合成的单色背景使用,来进行扣像。

⑩ 体积材质:体积材质主要是用于创建环境的气氛效果。

Env Fog 环境雾:它虽然是作为一种材质出现在 Maya 对话框中,但在使用它时最好不要把它当作材质来用,它相当于一种场景。它可以将 Fog 沿摄像机的角度铺满整个场景。

Light Fog 灯光雾:这种材质与环境雾的最大区别在于它所产生的雾效只分布于点光源和聚光源的照射区域范围中,而不是整个场景。这种材质十分类似 3d Studio Max 中的体积雾特效。

Particle Cloud 粒子云:这种材质大多与 Particle Cloud 粒子云粒子系统联合使用。作为一种材质,它有与粒子系统发射器相连接的接口,即可以生产稀薄气体的效果,又可以产生厚重的云。它可以为粒子设置相应的材质。

Volume Fog 体积雾:它有别于 Env Fog 环境雾,可以产生阴影化投射的效果。

Volume Shader 体积材质:这种材质表面类型中对应的是 Surface Shader 表面阴影材质,它们之间的区别在于 Volume Shader 材质能生成立体的阴影化投射效果。

⑪ Displacement Materials:置换材质。

这主要是用于产生一种更加真实的明显的三维凹凸效果。它不同于我们在表面材质中所讲到的 Bump mapping,Bump mapping 在于它所产生的三维凹凸效果对物体边缘不会产生效果,而 Displacement materials 三维凹凸效果是真正的连边缘都有起伏的三维效果。

6.1.2 Maya 材质编辑窗口

Maya 拥有强大的、更方便的材质编辑窗口——Hypershade,如图 6-2 所示。Hypershade 窗口由菜单栏、快捷工具栏、创建面板、上标签栏及下标签栏组成。

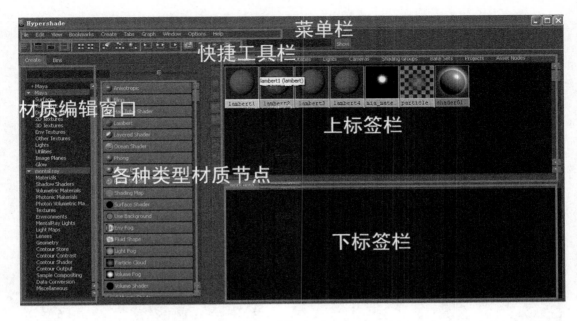

图 6-2

6.2　几种常见材质的创建和编辑

①　可以通过 Windows＞Rendering Editors＞Hypershade［窗口命令＞渲染编辑＞材质编辑器］，打开 Hypershade 材质编辑器，创建 Lambert 材质，如图 6-3 所示。

②　双击材质球，可以打开打开属性编辑器，如图 6-4 所示。

③　普通材质属性，如图 6-5 所示。

Color：改变颜色属性；

Transparency：材质的透明度；

Ambient Color：环境色；

Incandescence：白炽，模仿白炽状态的物体发射的颜色和光亮［但并不照亮别的物体］，默认值为 0［黑］；

Bump Mapping：通过对凹凸映射纹理的像素颜色强度的取值，在渲染时改变模型表面法线使它看上去产生凹凸的感觉；

Diffuse：漫射，它是描述的是物体在各个方向反射光线的能力；

Translucence：半透明；

Translucence Depth：半透明的厚度。

图 6-3

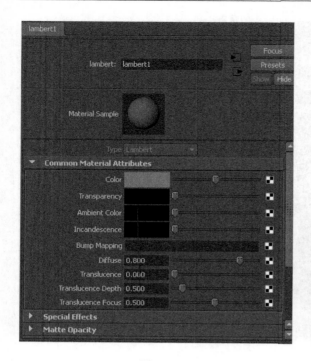

图 6-4

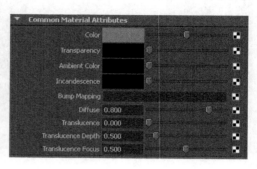

图 6-5

④ 可以通过 Windows＞Rendering Editors＞Hypershade[窗口命令＞渲染编辑＞材质编辑器]打开 Hypershade 材质编辑器,创建 Blinn 材质,如图 6-6 所示。

⑤ 双击材质球,可以打开打开属性编辑器,如图 6-7 所示。

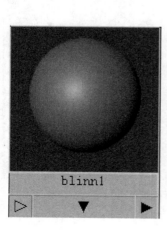

图 6-6

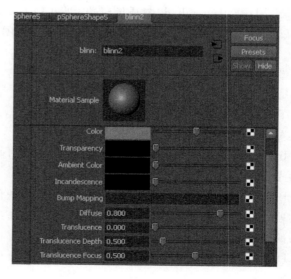

图 6-7

Specular Shading[表面高光阴影]如图 6-8 所示;

Eccentricity:它可以控制高广范围的大小;

Specular Roll off：控制表面反射环境的能力；
Specular Color：控制表面高光的颜色，黑色无表面高光；
Reflectivity：反射率。

图 6-8

6.3　纹理贴图的应用

　　贴图［Maps］有很多种解释，如"纹理"或"图案"，本质上都是一样的。纹理贴图通常是为了改善材质的外观和真实感。贴图可以模拟纹理、反射、折射等其他一些效果。贴图与材质一起使用，将为三维模型添加更为真实的细节并且不会增加模型的复杂程度。下面通过一组材质球的实例了解贴图的制作方法和过程。

　　步骤 1　创建基面材质

　　① 在 Maya 视图中切换到 Polygon［多边形］模块，单击菜单栏中创建面片按钮，调节 Subdivisions Width 和 Subdivisions Height 数值为 12，创建如图 6-9 所示平面。

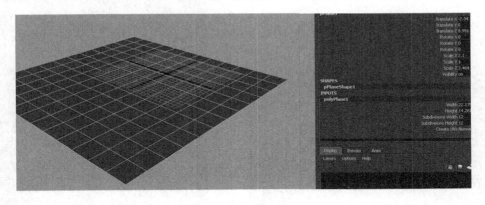

图 6-9

　　② 双击选择按钮，调出 Tool Setting［工具设定］面板，选择 Soft Select 按钮［软选择］，其快捷命令为"B"键。如图 6-10 所示。

　　③ 选中物体，右击，在弹出的菜单中选择 Vertex［顶点］选项，进入点选择模式，可以调整控制点的起伏来模拟布料效果。如图 6-11 所示。

　　④ 执行菜单 Create＞Polygon Primitives＞sphere［创建＞多边形基本体＞球体］命令，在布料平面上创建若干球体，如图 6-12 所示。

　　⑤ 执行 Windows＞Rendering Editors＞Hypershade［窗口命令＞渲染编辑＞材质编辑

器]命令,在 Hypershade 材质编辑器中创建一个 Lambert 材质,在 2D texture 选项下创建一个 File[节点],单击 Image Name [图片名称]后面的文件导入按钮导入准备好的布料文件图片,如图 6-13 所示。

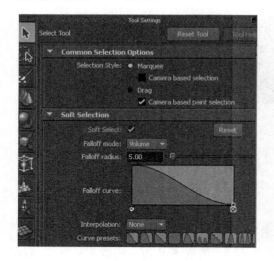

图 6-10

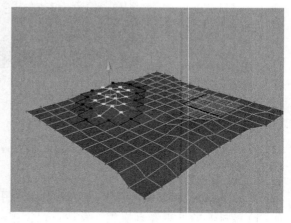

图 6-11

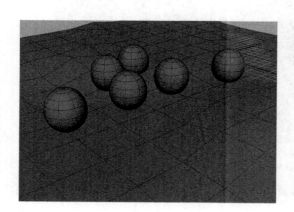

图 6-12

图 6-13

⑥ 在 Hypershade 窗口中,用鼠标中键拖动 File[节点]到 Lambert 材质球上,在弹出的菜单上选择 Color[颜色],如图 6-14 所示,选中贴图就成为布料的颜色。

⑦ 在主界面中选择布料模型,然后在 Hypershade 窗口右击材质球选择把材质赋予所选物体,完成布料贴图,如图 6-15 所示。

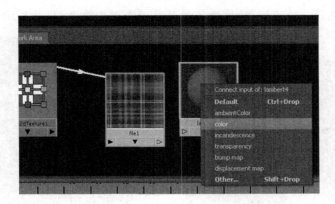

图 6-14

图 6-15

⑧ 在 Hypershade 窗口下的工作区选择 Place2Dtexture1,设置 Repeat UV 为 20×20,如图 6-16 所示,可以使布料显示得更为细密,如图 6-17 所示。

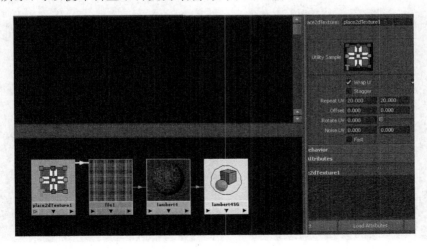

图 6-16

⑨ 在场景中创建一个点光源,渲染场景可以得到初步效果,如图 6-18 所示。

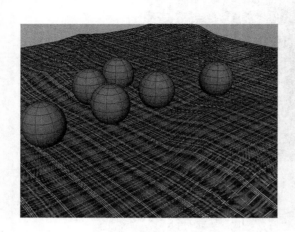

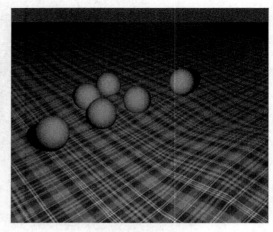

图 6-17   图 6-18

步骤 2   为材质球创建基础材质

① 右击一个材质球为它添加一个 Blinn 材质,单击 Color 属性栏后的属性面板按钮,可以打开 Create Render Node[创建渲染节点]面板,单击 Utilties[效用]选项中的 Blend Color[混合色彩],如图 6-19 所示。

② 可以用同样的方法为 Color1 指定一个 Crater[弹坑]材质贴图,参数可以设置如 6-20 所示。

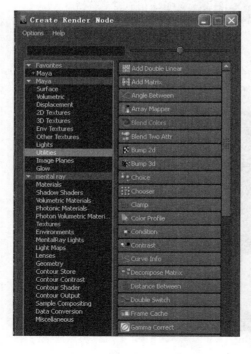

图 6-19   图 6-20

③ 也可以用同样的方法为 Color2 指定一个 Solid Fractal[固体碎片]材质贴图,参数可以设置如 6-21 所示。

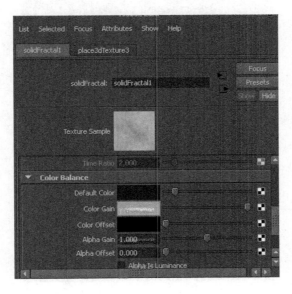

图 6-21

④ 给 Blin 材质球属性中的 Bump Mapping[凹凸映射]指定一个 Fractal[不规则碎片]材质贴图,参数如图 6-22 所示。

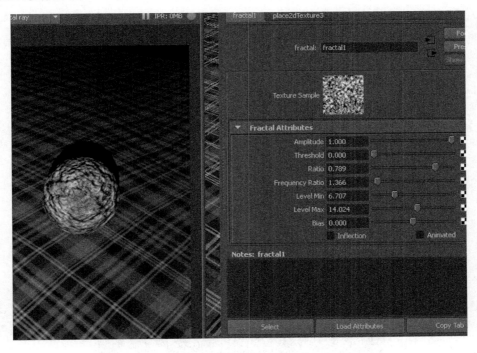

图 6-22

⑤ 右击另一个材质球为它添加一个 Phong 材质，材质属性如图 6-23 所示。

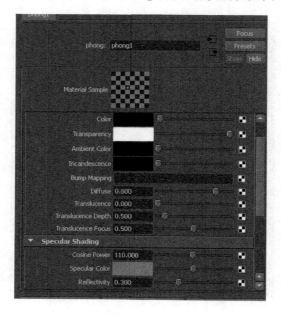

图 6-23

⑥ 单击材质属性中 Reflected color 后面的属性按钮，在 Create Render Node[创建渲染节点]面板，创建 Env Ball[环境球]节点，如图 6-24 所示。

图 6-24

⑦ 选择 Env Ball[环境球]节点属性面板,单击 Image[图片]后面的属性按钮,为材质添加一张环境图片。如图 6-25 和图 6-26 所示。

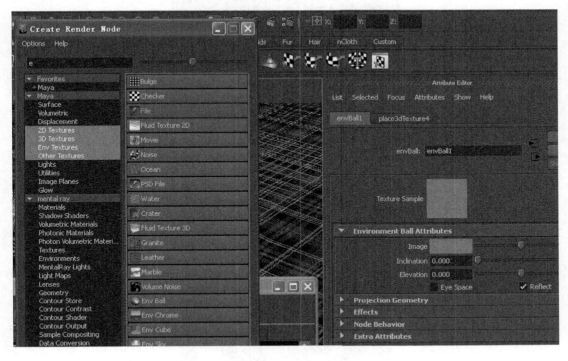

图 6-25

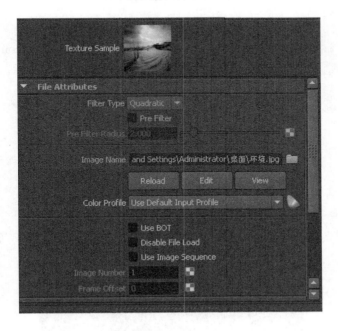

图 6-26

⑧ 打开玻璃材质球 Phong 里面的 Raytrace Options[追踪属性]面板,单击打开 Refractions[折射]按钮,参数如图 6-27 所示。

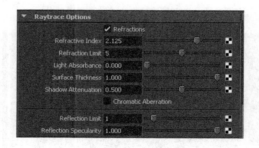

图 6-27

⑨ 可以对材质参数进行调整,得到材质球的渲染效果,如图 6-28 所示。

图 6-28

⑩ 右击另一个材质球为它添加一个 Blinn 材质,可以设置 Common Material Attrib-utes[基础材质属性]和 Specular Shading[镜面阴影]参数如图 6-29 所示。

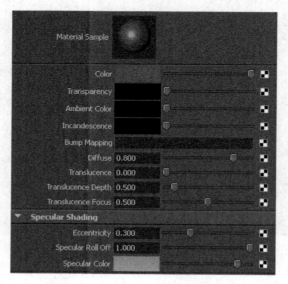

图 6-29

⑪ 单击 Reflected color[反射颜色]后面的属性按钮,在 Create Render Node[创建渲染节点]面板,创建 Env Ball[环境球]节点,如图 6-30 所示。

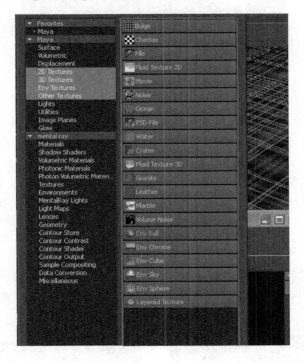

图 6-30

⑫ 选择 Env Ball[环境球]节点属性面板,单击 Image[图片]后面的属性按钮,添加一张准备好的环境图片。如图 6-31 和图 6-32 所示。

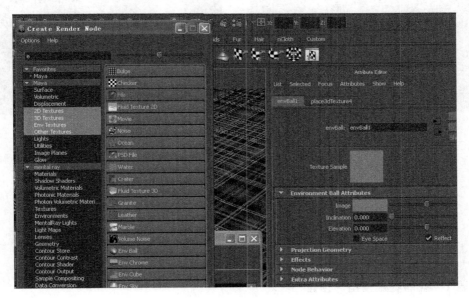

图 6-31

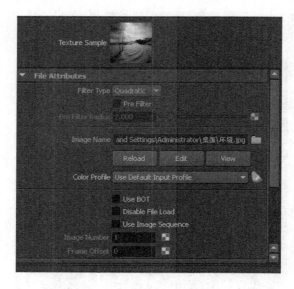

图 6-32

⑬ 可以对参数进行调整,得到材质球的渲染效果,如图 6-33 所示。

⑭ 可以用同样的方法完成另几个材质的球的材质和纹理设定。最后渲染图如图 6-34 所示。

图 6-33

图 6-34

6.4 青瓷花瓶的材质制作

为了学习 Maya 中的材质和贴图,下面我们练习建模完成一个花瓶的模型,同时给花瓶赋予青花瓷器的材质。

步骤 1 瓷器花瓶模型的创建

① 绘制花瓶边缘曲线。在 Maya 主界面视图中切换至 Polygons 菜单模块,单击 Create>CV Curve Tool［创建>CV 曲线工具］命令后面的按钮,打开命令参数窗口,我们选择 3 点绘制的方式

来绘制曲线,如图 6-35 所示。如果对绘制完的曲线造型不满意,我们还可以右击,在弹出的菜单中选择 Control Vertex[控制点]选项,通过对点位置的调节来修整模型基本造型。

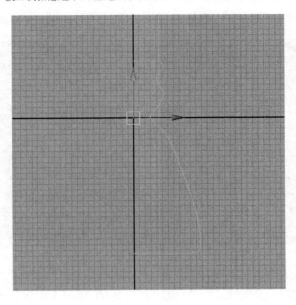

图 6-35

提示:三点绘制方式是通过三个点来确定一条曲线的弯曲程度来画出相应的曲线,这种方式绘制出来的曲线更加圆滑、光滑。在绘制过程中尽量保持较少点数,对于多余的点可以直接使用 Delete[删除]键进行删除。

② 将模型转化为多边形。切换回前视图,选择曲线,在 Surface[曲面]菜单组中执行 Surface>Revolve[曲面>旋转成面]命令。这样花瓶的模型就基本创建出来了,如图 6-36 所示。

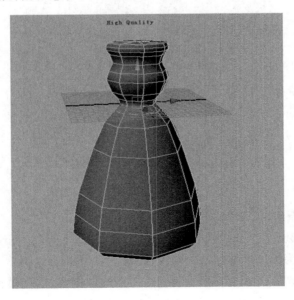

图 6-36

提示：使用这种方式创建出来的是 Nurbs 物体，模型无法在后期进行 UV 调整。

③ 单击 Modify＞Convert＞Nurbs to Polygons［修改＞转换＞Nurbs 到多边形］命令右侧的属性按钮，打开命令参数窗口，选择点对点的方式进行转换，参数设置如图 6-37 所示。

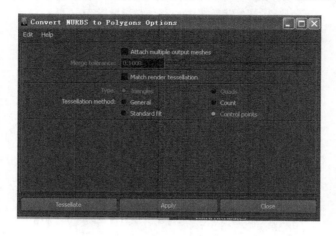

图 6-37

④ 按 Delete 键删除之前创建的 CV 曲线和原始的 Nurbs 物体模型。右击模型进入面选择模式，删除后复制模型的顶面。如图 6-38 所示。

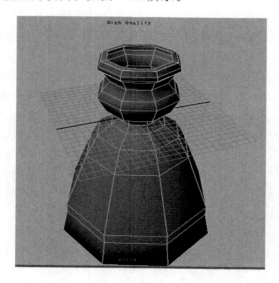

图 6-38

步骤 2　制作花瓶底部凹槽

① 切换至 Polygons 菜单组中执行 Edit Mesh＞Insert Edge Loop Tool［编辑网格＞插入边循环工具］命令，为模型底部加入一圈线，如图 6-39 所示。

② 右击，在弹出的菜单中选择 Face［面］进入面选择模式，选择模型上的一圈面并执行 Edit Mesh＞Extrude［编辑网格＞挤出］命令或者可以直接单击 Polygons［多边形］工具架上的挤出按钮，对物体的面进行挤出操作，如图 6-40 所示。

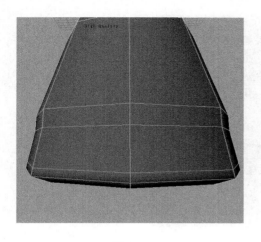

图 6-39

图 6-40

③ 执行 Edit Mesh＞Insert Edge Loop Tool[编辑网格＞插入边循环工具]命令,为模型边缘再加一些边,目的是为了让模型在圆滑操作后边角显得更硬一些,如图 6-41 所示。

④ 按下"3"键的显示效果如图 6-42 所示。

图 6-41

图 6-42

步骤 3　底座模型的创建

① 选择瓶子底部的面,执行 Edit Mesh＞Duplicate Face[编辑＞复制面]命令,复制出另一个面,如图 6-43 所示。

② 对复制的面进行适当放大,并多次执行 Edit Mesh＞Extrude[编辑网格＞挤出]命令,重复挤出操作[重复上一步操作可以使用"G"键],如图 6-44 所示。

③ 执行 Edit Mesh＞Insert Edge Loop Tool[编辑网格＞插入边循环工具]命令,加两圈边线,分别选择底座模型上、下的一圈面,并执行挤出命令,如图 6-45 所示。

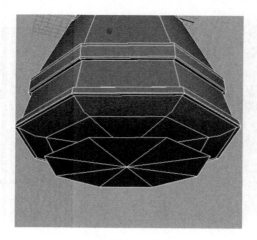

图 6-43

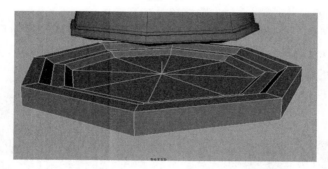

图 6-44

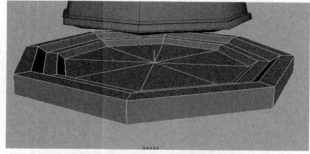

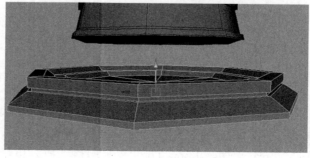

图 6-45

④ 执行 Edit Mesh>Insert Edge Loop Tool[编辑网格>插入边循环工具]命令，为模型的转角处加入边线，使模型转角更硬朗些，按下"3"键光滑显示，如图 6-46 所示。

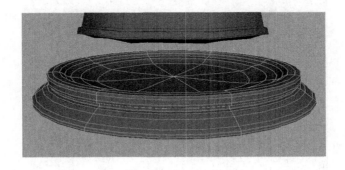

图 6-46

步骤 4　创建模型背景

① 按空格键切换到四视图界面，选中前视图，执行 Create>CV Curve Tool[创建>CV 曲线工具]命令，在前视图中绘制一条 CV 曲线，按下 Ctrl+"D"键复制绘制曲线，把两条曲线放置在合适位置上，同时选择两条曲线，切换到 Surface 菜单模块下，执行 Surface>Loft[曲面>放样]命令，创建如图 6-47 所示曲面。

图 6-47

② 细分模型 UV 投射。分别选择底座和瓷花瓶模型，执行 Mesh>Smooth[网格>平滑]命令，对其进行段数细分。如图 6-48 所示。选择瓷花瓶，在 Polygons[多边形]模块组下执行 Create UVs>Cylindrical Mapping[创建 UVs>圆柱贴图]命令，效果如图 6-49 所示。

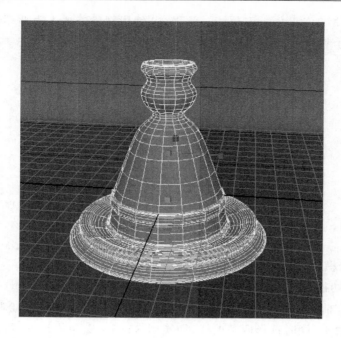

图 6-48

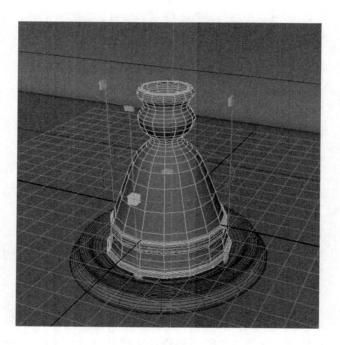

图 6-49

③ 选择底座,在 Polygons[多边形]菜单组下执行 Create UVs＞Automatic Mapping [创建 UVs＞自动贴图]命令,效果如图 6-50 所示。

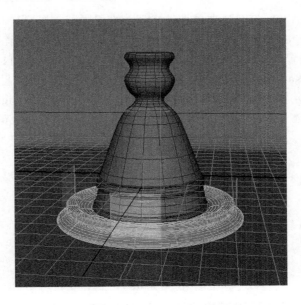

图 6-50

步骤 5　整理场景

同时选择两个物体,执行 Edit＞Delete by Type＞History[编辑＞按类型删除＞历史]命令,删除物体历史记录。使用 Ctrl＋"G"键为模型打一个组,便于对模型进行整体管理。

步骤 6　瓷器渲染

① 接下来创建场景的灯光。执行 Create＞Light＞Spot Light [创建＞灯光＞聚光灯]命令,创建一个聚光灯。

② 在视图菜单中执行 Panels＞Look Through Selected Camera [面板＞通过所选摄影机观察]命令,通过灯光的角度来观察物体,这样能够更加轻松准确地找到需要的灯光角度,如图 6-51 所示。

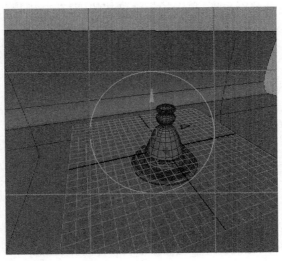

图 6-51

③ 按下 Ctrl＋"A"键,打开灯光属性编辑器。在 Spot Light Attributes［聚光灯属性］属性菜单面板中将 Intensity［强度］值减小为 0.6,降低灯光强度,取消 Emit Specular［发射高光］选项的勾选;设置 Penumbra Angle［半影角度］值为 25,这样可以营造出灯光虚边的效果。在 Shadow＞Ray Trace Shadow Attributes［阴影＞光线追踪阴影属性］卷展览中勾选 Use Trace Shadow［使用追踪阴影］选项,在 Mental ray＞Area Light［mental ray ＞区域灯光］卷展览中勾选 Area Light［区域灯光］选项,如图 6-52 和图 6-53 所示。

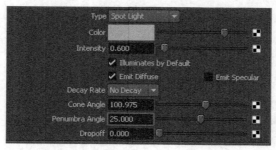

图 6-52

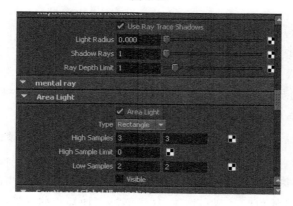

图 6-53

④ 切换到透视图,调整好角度,单击场景渲染按钮,对花瓶进行初步渲染。此时渲染出来的场景整体比较暗,如图 6-54 所示。

图 6-54

提示：为了模拟出现实生活中瓷器花瓶的效果，我们在场景中添加一个 HDR 贴图，通过这种虚拟的环境来模拟场景中较为真实的反射效果。

⑤ 在状态栏中单击渲染设置按钮，在打开的渲染设置窗口中设置 Render Using［使用渲染器］为 Mental Ray，单击 Indirect Lighting［间接灯光的标签，在 Environment［环境］属性面板中单击 Image Lighting［基于图像照明］后面的 Create［创建］按钮。在打开的属性编辑器中的 Image Based Lighting Attributes［基于图像照明属性］卷展栏中，单击 Image Name［图像名称］右侧的按钮，导入已经准备好的 HDR 贴图。

提示：HDR 是 High-Dynamic Range［高动态范围］的缩写，即超越普通光照颜色和强度的光照。这本来是一个 CG 概念将两次曝光组合成单张图像，用来捕捉从暗部到亮部的广范围色调，主要是在逆光状态下拍摄。

这里是模拟间接照明的效果，所以我们还需要在渲染设置窗口的 Indirect Lighting［间接灯光］标签中的 Final Gathering［最终聚集］卷展栏中勾选该项选项。单击渲染按钮，对物体进行渲染，此次渲染结果要比之前亮度有所增加，如图 6-55 所示。

步骤7　创建点光源

执行 Create＞Light＞Point Light［创建＞灯光＞点光源］命令，新建一个点光源，在点光源属性编辑器的 Spot Light At-

图 6-55

tributes［目标灯光属性］卷展栏中，将 Color［颜色］设置为浅黄色，减小 Intensity［强度］值为 0.3，如图 6-56 所示。

图 6-56

步骤8　创建瓷花瓶贴图

① 执行 Window＞UV Texture Editor［窗口＞UV 纹理编辑器］命令，打开 UV 编辑

器。在 UV 编辑器的菜单栏中执行 Polygons＞UV Snapshot［多边形＞UV 快照］命令，直接输出已经展开好的 UV 图，如图 6-57 所示。

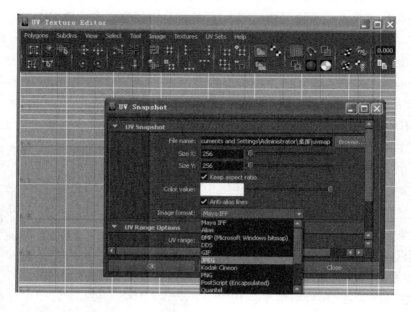

图 6-57

② 将输出的 UV 图导入 Photoshop 中，为其添加瓷片花纹纹理［在这里需要用到染色玻璃滤镜效果］，产生瓷器裂纹和白色碎片纹理，如图 6-58 所示，并以.JPG 格式输出。

图 6-58

③ 在 Maya 中选中瓷花瓶模型，右击，在弹出的菜单中执行 Assign Favorite Material ＞ Blinn［指定最爱材质＞布林］命令，为模型指定一个 Blinn 材质。在属性编辑器中单击 Common Material Attributes［通用材质属性］卷展栏中 Color［颜色］右侧的按钮，在弹出的编辑器面板中单击 File［文件］按钮，然后在 File Attributes［文件属性］卷展栏的 Image Name［图像名称］右侧单击按钮，将制作好的瓷花瓶贴图导入。按下"6"键可以显示添加完材质贴

图的模型效果,如图 6-59 所示。

图 6-59

步骤 9 创建底座材质

选中底座模型,右击,在弹出的菜单中执行 Assign Favorite Material ＞Blinn[指定最爱材质＞布林]命令,为模型指定一个 Blinn 材质。在材质球属性编辑器中单击 Common Material Attributes [通用材质属性]卷展栏中 Color[颜色]右侧的按钮,在弹出的编辑器面板中单击 wood[木纹]按钮,在 Wood Attributes[木纹属性]卷展栏中调节 Filler Color [填充颜色]参数,将其颜色调暗,如图 6-60 所示。

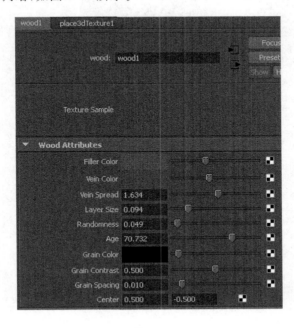

图 6-60

步骤 10   创建背景材质

选中背景模型，右击，在弹出的菜单面板中执行 Assign Favorite Material ＞Lambert ［指定最爱材质＞兰伯特］命令，为模型指定一个 Lambert 材质。在 Lambert 材质属性编辑器中展开 Common Material Attributes ［通用材质属性］卷展栏，将 Color［颜色］调到白色。

步骤 11   提高渲染质量

单击渲染按钮，打开渲染设置窗口，在 Common［通用］标签的 Image Size［图像尺寸］卷展栏中将 Presets［预设］参数设为 1k Square；在 Quality Presets［质量预设］参数设为 Pro-duction［产品级］；在 Feature［特性］标签下的 Rendering Feature ［渲染特性］卷展栏中勾选 Final Gathering［最终聚集］选项，瓷器最终渲染效果如图 6-61 所示。

图 6-61

第7章　　Maya灯光

灯光是 Maya 渲染中不可缺少的一个重要环节，它的好坏直接决定整个成品的视觉效果。好的灯光与材质可达到点目传神、推波助澜的作用。没有灯光，在 3D 场景中再精美的模型、真实的材质、完美的动画特效，都将无法呈现，因此灯光在应用场景中所扮演的角色极为重要。

7.1　Maya 灯光种类

在 Create＞Lights 命令下我们可以看到，Maya 的灯光共分为 6 种灯光的类型。它们分别是 Ambient Light［环境光］、Directional Light［平行光源］、Point Light［点光源］、Spot Light［聚光灯］、Area Light［区域光］及 Volume Light［体积光］。如图 7-1 所示。

（1）Ambient Light［环境光］

环境光通常应用于外部场景，环境光能够从各个方向均匀地照射场景中的所有物体，是比较常用的灯光，它可以提高整个场景的亮度，同时具有一定的方向性，也可以使整个场景倾向于某个色系。如图 7-2 所示，给场景赋予黄色系的暖光源。

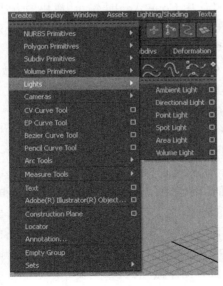

图 7-1

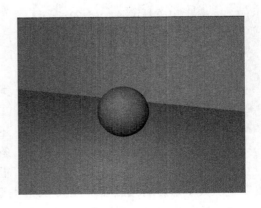

图 7-2

（2）Directional Light[平行光源]

远光灯是用来模拟一个接近于太阳一样的平行照射光源。所有的光线都是平行的。通过改变灯光的照射角度来改变灯光的方向。平行光可以投射阴影。平行光投射的阴影如图 7-3 所示，因为平行光的光线都是平行的，所以它投射的阴影也是平行的，见图 7-3。

（3）Point light[点光源]

点光源是被使用的最普通的光源，光从一个点光源射向四面八方，所以光线是不平行的，光线相汇点是在灯所在的地方。类似一个灯泡的光照效果，点光源可以投射阴影。如图 7-4 所示。

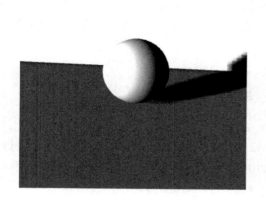

图 7-3

图 7-4

（4）Spot Light[聚光灯]

聚光灯是具有方向性的灯，所有的光线从一个点并以用户定义的圆锥形状向外扩散。可通过使用 Cone Angle[锥角]滑块的方法，从顶点开始以度为单位来度量锥体。聚光灯是所有灯光中参数最复杂的灯光。通过调节它的参数可以产生很多类型的照明效果。如图 7-5 所示。

在聚光灯属性面板中：

（5）Area Light[区域光]

区域光是 Maya 灯光中比较特殊的一种类型。和其他的灯光不同的是，区域光是一种二维的面积光源。它的亮度不仅和强度相关，还和它的面积大小直接相关。在同样的参数条件下，面积越大，光效越强，同时面积光也有很强的衰减效果。可以通过 Maya 的变换工

图 7-5

具改变它的大小来影响光照强弱，这是其他类型的灯光无法做到的。

在实际制作中，区域光可以用来模拟灯箱、屏幕等灯光效果，还可以模拟诸如窗户射入的光

线等情况,而且区域光的计算是以物理为基础的。它没有设置衰减选项的必要。区域光也可以投射阴影。但是如果使用 Depth Map Shadow[深度贴图]算法来计算区域光的阴影,它的阴影和其他灯光是没有什么两样的。要想得到真实的区域光阴影,必须使用 Ray tracing Shadow[光影跟踪]算法。

（6）Volume light[体积光]

Volume Light 具有轮廓概念,其轮廓之外的物体不受体积光影响,体积光轮廓形状也可调整。还可以手动控制衰减的效果,分别为 Box、Sphere、Cylinder、Cone 等形状以适应实际制作需要,同时其 Color Range[颜色范围]和 penumbra[半影]也可通过 Ramp 和曲线进行控制,可以满足更多的调整需求。

7.2　灯光的属性

每一种灯的属性都不同,下面介绍一些基本的灯光属性,如图 7-6 所示。

图 7-6

Type:灯光的类型,可通过该选项,把当前灯光改变为其他类型的灯光。

Color:控制灯光的颜色,默认值是白色。

Intensity:控制灯光的强度[亮度]。值为零时,灯光不产生照明效果。右侧的范围滑条的默认范围是 0～10,在输入栏中直接输入数值,可以定义大于 10 和小于 0 的值。

提示:当灯光的强度定义为负数时,可以产生吸光灯的效果,可以用于消除其他灯光产生的热点或耀斑。

Illuminates by Default:默认灯光链接开关。

Emit Diffuse:漫反射开关。

Emit Specular:高光开关。

Decay Rate:灯光的 4 种衰减方式为 No Decay[无衰减]、Linear[线性衰减]及 Quadratic[二次方衰减]及 Cubic[立方衰减],我们常用到的是一次衰减和二次方衰减。此外,该值对小于一个单位的距离没有影响。默认值为 No Decay,如图 7-7 所示。

图 7-7

提示：灯光的衰减次数越高，原灯光的 Intensity 值也需要随之升高。

灯光在场景中如图 7-8 所示，相同条件下，如图 7-9 所示的灯光在 Decay Rate[衰减率]由左向右参数依次为 No Decay、Linear、Quadratic、Cubic 时的渲染结果。

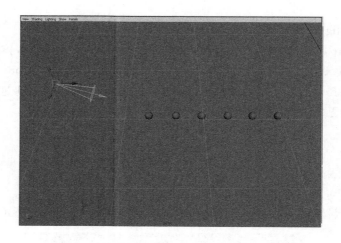

图 7-8

图 7-9

Cone Angle[锥角]：聚光灯的的锥角角度，控制聚光灯光束扩散的程度。通常采用默认值 40°就够了。不要把 Cone Angle 设置太大，否则阴影会出现问题。

Penumbra Angle[半阴影范围]：控制聚光灯的锥角边缘在半径方向上的衰减程度。在聚光灯的锥角边缘处，在半径方向上的一定距离内，将光强以线性方式衰减为 0，单位为"度"。该值为正时，外部矩形区域边缘模糊不清；该值为负时，内部矩形区域边缘模糊，边缘轮廓不清。

Dropoff[衰减率]：控制灯光强度从中心到聚光灯边缘减弱的速率。该参数有效范围 0～无穷，右侧滑块的默认范围是 0～255。可以在输入框种直接输入数值，一般值都控制在 0～50 之间。

7.3 其他类型灯光的属性的介绍

Ambient Light[环境光]比聚光灯补充了一个特有参数——Ambient Shade，该参数是用于控制环境光是趋向于各个方向均匀照亮物体的，还是趋向于象一个点光源一样从一个点发射光线。如果 Ambient Shade 的值大小为 1 时,环境光就完全成了一个点光源。

　　Ambient Light[环境光]、Directional Light[平行光]、Point Light[泛光灯]、Area Light[面积光]只是比聚光灯少了一些属性参数,其保留下来的属性参数功能与聚光灯的相同。

　　Shadows[灯光阴影]:真实世界中光与影是密不可分的,物体有光源照射就要产生阴影。阴影是 CG 创作中用于物体表现最重要的手段之一,有光有影才会使场景和物体产生空间感、体积感和质量感。Maya 中提供了两种阴影生成方式:Depth Map Shadows[深度贴图阴影]和 Ray Trace Shadows[光线追踪阴影]。

7.4　Maya 灯光应用实例介绍——玻璃器皿制作

步骤 1　玻璃花瓶的创建

　　① 在工具栏上 Polygon[多边形]菜单下单击创建圆柱体按钮,创建一个圆柱体,在属性编辑器中将 Subdivisions Axis[细分轴]值设为 8,Subdivisions Caps[盖部细分]值设为 0。回到主界面,选择模型,右击,在弹出的菜单中选择 Face[面],选中进入面选择模式,删除圆柱体的顶面,如图 7-10 所示。

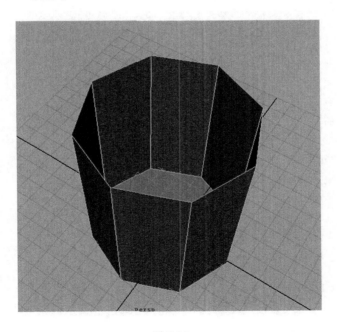

图 7-10

　　② 为模型做倒角。选择模型,右击,在弹出的菜单中选择 Edge[边]选项,进入边选择模式,选择中间的边,执行 Edit Mesh＞Bevel[编辑网格＞倒角]命令,然后在通道栏中将 Offset[偏移]值设为 0.2,如图 7-11 所示。

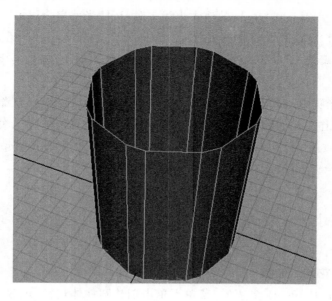

图 7-11

③ 为模型做挤出。按住"Shift"键加选 8 个倒角面相间的面,单击工具架上的挤出按钮,对选中的面进行挤出操作,如图 7-12 所示。

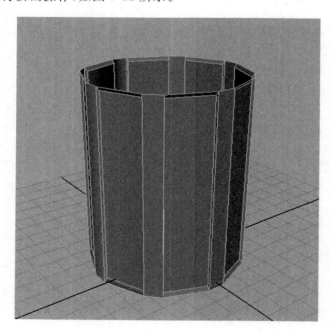

图 7-12

④ 为模型继续做挤出命令。选择倒角的面,单击工具架上的挤出按钮,对模型进行挤出操作,如图 7-13 所示。

⑤ 分别选中倒角挤出面顶部的面并将其删除,然后将模型拉高一些,如图 7-14 所示。

⑥ 选择模型,右击进 Face[面]选择模式,选中全部面后单击挤出按钮,进行向外挤出的

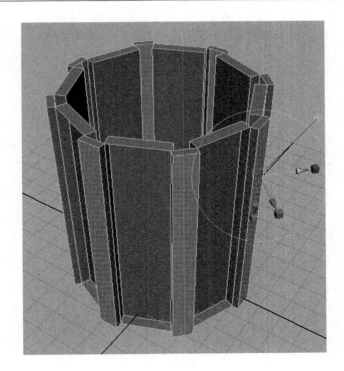

图 7-13

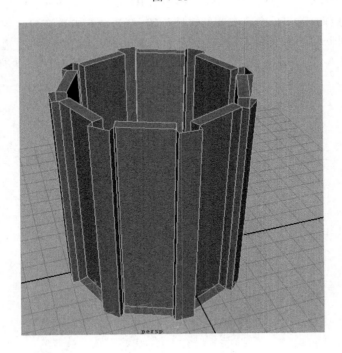

图 7-14

操作，为模型增加一个厚度，如图 7-15 所示。

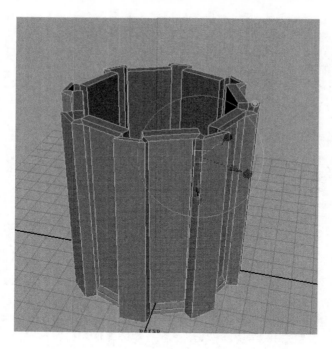

图 7-15

⑦ 为模型添加段数。确认在 Polygons[多边形]模块下，单击 Edit Mesh>Insert Edge Tool[编辑网格>插入边循环工具]命令右侧的属性按钮，打开命令参数窗口设置 Maintain position[保持位置]为 Multiple edge loops[多个边循环]，把 Number of edge loops[边循环数量]数值设置为 10，然后单击 Apply[应用]按钮，为模型添加 10 条循环边。如图 7-16 所示。

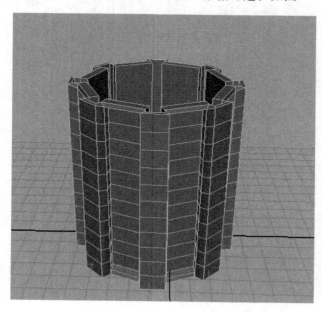

图 7-16

⑧ 使用缩放工具把模型整体拉长,如图 7-17 所示。

⑨ 选择模型,进 Face[面]选择模式,选择如图 7-18 所示的面,对模型进行缩放,调整如图 7-19 所示。

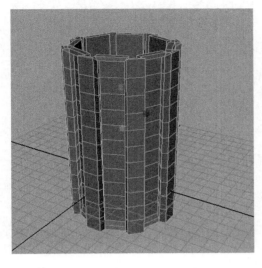

图 7-17

图 7-18

⑩ 制作底部的厚度。选择模型并进入 face[面]选择模式,选中底部的面,然后将其向上移动,再对此面进行挤出操作,调整如图 7-20 所示。

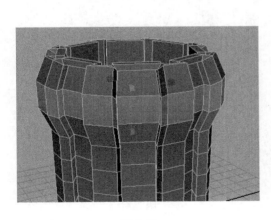

图 7-19

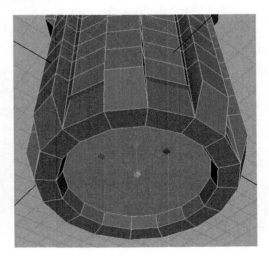

图 7-20

⑪ 给瓶子底部加边。单击 Edit>Insert Edge Tool [编辑网格>插入边循环工具]命令右侧的属性按钮,打开命令参数窗口,Reset[重置]参数,然后在底部内侧加两圈边,同样在底部外侧也加一圈边,如图 7-21 所示。

⑫ 切换到 Animation[动画]模块,执行 Create Deformers>Lattice[创建变形>晶格]命令,在通道栏中 Divisions[段数]值设为 3,如图 7-22 所示。

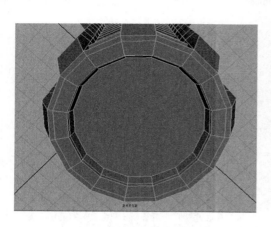

图 7-21

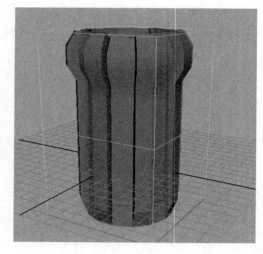

图 7-22

⑬ 选中建立的晶格,右击,在弹出的菜单中选择 Lattice Point［晶格点］选项,对晶格点进行缩放和位移调整,如图 7-23 所示。

⑭ 选择模型,执行 Edit＞Delete by Type History［编辑＞删除历史］命令,删除历史,晶格不在显示,花瓶的模型就制作完成了,如图 7-24 所示。

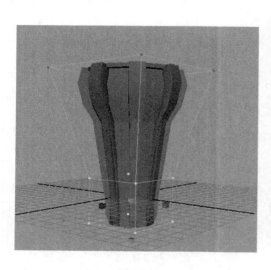

图 7-23

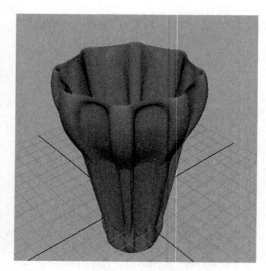

图 7-24

步骤 2　渲染前的设置

① 创建场景的地面。单击工具架上的 Polygons［多边形］菜单下的创建平面按钮,创建一个平面作为地面,将其放大并摆放好位置。

② 创建灯光,单击工具架上 Rendering［渲染］标签下的创建聚光灯按钮,执行 Panels＞Look Through Selected Camera［面板＞通过所选摄影机观察］命令,对物体设定灯光照射的位置,如图 7-25 所示。

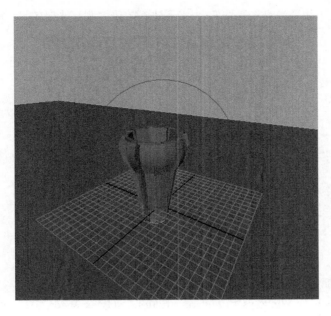

图 7-25

③ 选择灯光,按下 Ctrl＋"A"键打开属性编辑器,在 Spot Light Attributes[聚光灯属性]卷展栏中将 Penumbra Angle[半影区角度]值设为 20,勾选 Ray trace Shadow Attributes[光线跟踪阴影属性]卷展栏中的 Use Trace Shadow[使用光线跟踪阴影]选项以及 Area Light[区域灯光]选项,如图 7-26 和图 7-27 所示。

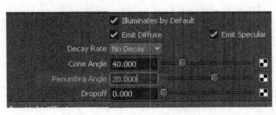

图 7-26

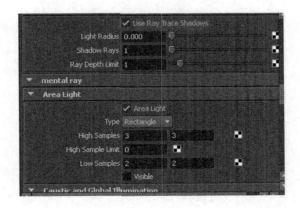

图 7-27

④ 单击工具栏上快速渲染场景按钮,对场景进行渲染并观察光照效果,如图 7-28 所示。

图 7-28

步骤 3　为花瓶赋予材质

① 创建材质球,执行 Windows＞Rendering Editors＞Hyper shade[窗口＞渲染编辑器＞材质编辑器]命令,在 Mental ray 材质组下创建一个 dielectric_material 玻璃材质球,如图 7-29 所示,然后在场景中选中花瓶,在 Hyper shade 中将光标放置在创建的材质球上面,右击,在弹出的菜单中选择 Assign Material To Selection[指定材质到选定]选择,将材质赋予物体。

图 7-29

② 设置玻璃的折射率。在工具架上单击 Render Setting 按钮，打开渲染设置窗口，选中 Render Using[渲染使用]中的 mental ray 渲染器，在 Quality[质量]标签中将 Quality Presets[质量预设]参数设为 Production[产品级]，单击渲染按钮，模型这样就有了玻璃的效果，如图 7-30 所示。

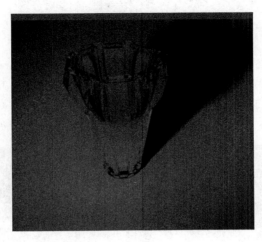

图 7-30

提示：修改渲染质量为 Production[产品级]后，Ray tracing 中会自动增大折射率和折射次数。

③ 当前的效果比较暗，需要添加 HDR 贴图。在渲染设置窗口中，在 Environment[环境]卷展栏下单击 Image Based Lighting[图像基础照明]右侧的 Create[创建]按钮，在弹出的属性编辑器中单击 Image Name[图形名称]右侧的文件按钮，导入我们已经准备好的 HDR 贴图，然后再 Final Gathering[最终聚集]卷展栏下勾选 Final Gathering[最终聚集]选项，渲染效果如图 7-31 所示。

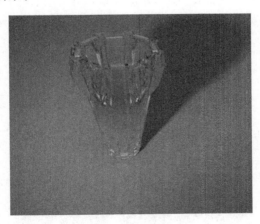

图 7-31

步骤 4　调整材质属性

① 调整颜色。选择模型，在属性编辑器中切换到 dielectric_material1 标签下，在 Shading[材质]卷展栏中设置 Col[颜色]为绿色，如图 7-32 所示。

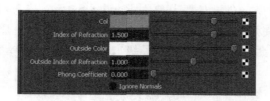

图 7-32

② 添加焦散，创建灯光，让其发射光子。单击工具架上的 Rendering[渲染]标签下的创建点光源按钮，并调整其位置，关闭亮度，开启光子。在属性编辑器中设置 Intensity[强度]值为 0，取消 Emit Diffuse[发射漫反射]和 Emit Specular[发射高光] 选项勾选，在 Caustic and Global Illumination[焦散和全局照明]卷展栏中勾选 Emit Photons[发射光子]选项。如图 7-33 所示。

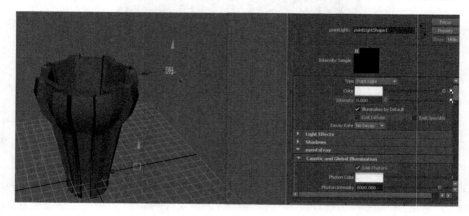

图 7-33

③ 单击渲染设置按钮，打开渲染设置窗口，在 Indirect Lighting[间接照明]标签下的 Caustics[焦散]卷展栏中勾选的 Caustics[焦散]选项，并将 Radius[半径]值设为 0.1，如图 7-34 所示。

图 7-34

④ 单击渲染按钮进行渲染,可以观察到如图 7-35 所示的黄色斑纹就是光子。

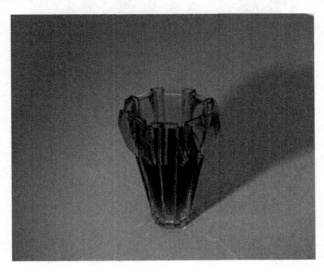

图 7-35

⑤ 在属性编辑器中将 Caustic and Global Illumination[焦散和全局照明]卷展栏中的 Photon Intensity[光子强度]值设为 14 000,增加光子亮度;将 Caustics Photons [焦散光子]设为 120 000,增加光子的数量,如图 7-36 所示。

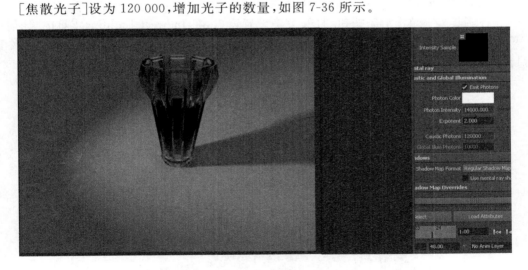

图 7-36

⑥ 创建地面材质。单击执行 Windows＞Rendering Editors＞Hypershade[窗口＞渲染编辑器＞材质编辑器]命令,在 Mental ray 材质组下创建一个 mia_material_x 材质球。选择地面,然后在 Hyper shade 中将光标放置在刚创建的材质球上,右击,在弹出的菜单中选择 Assign Material To Selection[指定材质到选定]选项。将材质赋予物体,然后在属性编辑器中调节材质的 Color[颜色]、Reflectivity[反射率]和 Glossiness[光泽度]参数值,参数如图 7-37 所示。

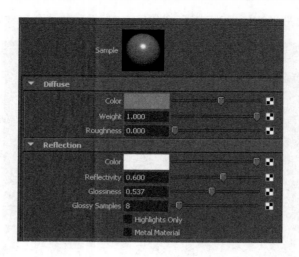

图 7-37

步骤 5　渲染精度调节

① 当前效果仍不够明亮,所以需要再次修改灯光参数。打开点光源的属性编辑器,将 Caustic and Global Illumination[焦散和全局照明]卷展栏中的 Photon Intensity[光子强度]值设为 30 000、将 Caustics Photons[焦散光子]设为 600 000。

② 设置聚光灯的 Intensity[强度]值设为 1.5。

③ 在工具架上单击渲染按钮,打开渲染设置窗口,在 Indirect Lighting [间接照明]标签下将 Caustics[焦散]卷展栏中的 Accuracy[精度]设为 500。将 Final Gathering[最终聚集]卷展栏中的 Accuracy[精度]值设置为 500。

④ 这样具有焦散光子效果的花瓶就制作完成了,最后调整效果如图 7-38 所示。

图 7-38

第8章　粒子动画和流体动画

8.1　粒子动画的介绍

粒子[Particle]可显示为各种形态，比如球状、云雾状等。我们可以利用粒子的特效制作一些特殊动画效果。

粒子对象是具有相同属性的多个粒子的集合。我们可以使用 Particle Tool[粒子工具]创建粒子发射器，通过粒子与几何体碰撞产生粒子特效。

在状态栏的菜单选择器中切换 Dynamics[动力学]为当前模块。找到 Particle[粒子]模块。如图 8-1 所示。

图 8-1

8.1.1　粒子创建方法

选择 Particle Tool[粒子工具]，在创建的位置单击，按 Enter 键完成创建。如图 8-2 所示。

除了 Particle Tool[粒子工具]，我们还可以用创建粒子发射器方式创建粒子，执行菜单命令 Particle＞Create Emitter[创建粒子发射器]和 Emit from object[从物体上发射]。通过粒子发射器中的属性可以设置发射器的发射方式，粒子的每秒发射数量、发射位置、发射速度以及粒子扩散等。如图 8-3 和图 8-4 所示。

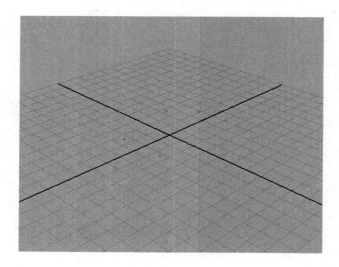

图 8-2

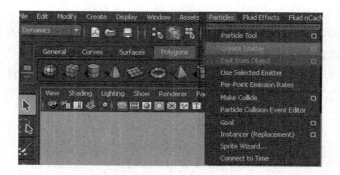

图 8-3

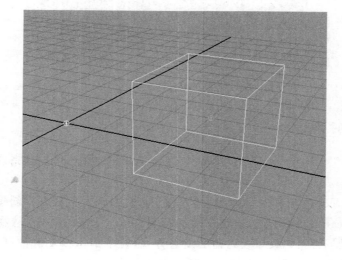

图 8-4

8.1.2　粒子的碰撞

使用 Particles[粒子]菜单下的 Make Collide[创建碰撞]命令,可以使粒子和其他物体产生碰撞,通常用来制作流体动画、液体倒入容器或者河水冲击岩石,可以模仿物体自由落体与地面发生碰撞等。其中预设属性中 Resilience[反弹力]、Friction[碰撞距离]和 Offset[阻力],可以通过这 3 个参数来完成碰撞。如图 8-5 所示。

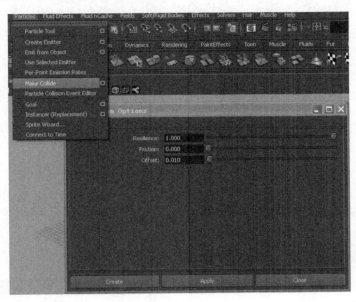

图 8-5

① 创建一个粒子发射器,设置属性参数,将 Emitter Type[发射类型]设定为 Directional[方向发射器],如图 8-6 所示。

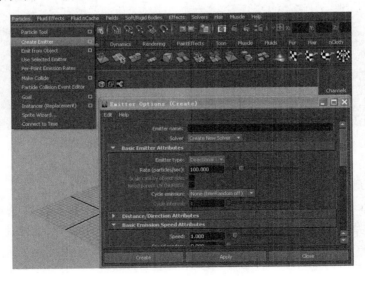

图 8-6

② 发射轴向设定为 Y 轴，Spread[扩散]设定为 1，Speed[速度]设定为 3，如题 8-7 所示。

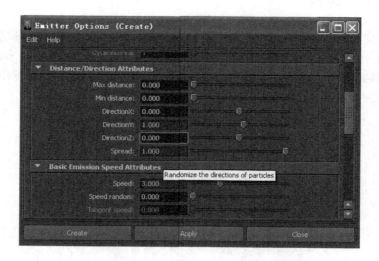

图 8-7

③ 选中粒子，按 Ctrl+"A"键打开粒子属性，选中 Particleshape2[粒子形状]在编辑器中 Render Attributes[渲染属性]中 Particle Render Type[粒子渲染形态]，将其创建为 Sphere[球体]，半径 Radius 设定为 0.15。如图 8-8 所示。设置时间轴后播放动画，粒子动画效果如图 8-9 所示。

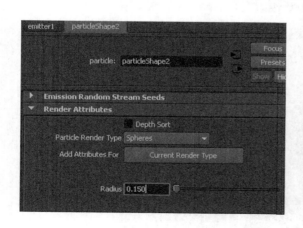

图 8-8

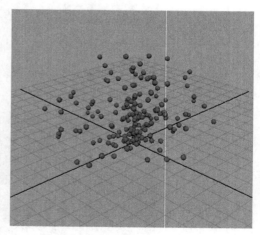

图 8-9

④ 选中粒子，给予粒子一个 Gravity[重力]，如图 8-10 所示。

⑤ 创建一个平面，制造一个粒子和平面碰撞的效果，先选中粒子，再选中平面，然后执 Particles[粒子]菜单下的 Make Collide[创建碰撞]命令。播放动画，如图 8-11 所示。效果如图 8-12 所示。

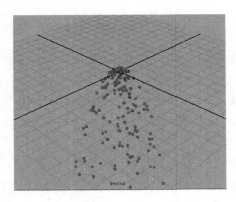

图 8-10

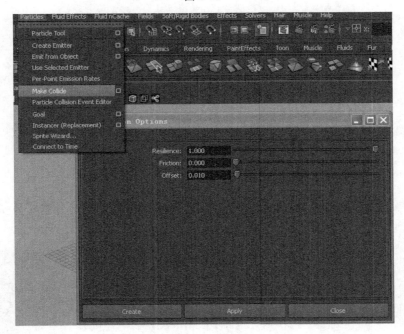

图 8-11

图 8-12

8.1.3 粒子替代

当我们需要制作群体动画时，Maya 的粒子 Instance[例子]功能可以极大提高工作效率，我们可以制作一个单体模型，然后创建模型的 Instance[例子]，使其随粒子动画的位置和方向一起运动。被制作为 Instance[例子]的几何体称为源几何体[Source geometry]，源物体可以是单体对象，对象可以具有动画效果，也可以没有动画效果。

实例制作：粒子替代

① 在 Maya 中用建立如下图的一个树叶造型模型，作为源几何体，如图 8-13 所示。

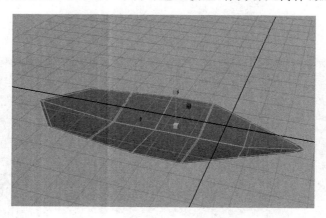

图 8-13

② 执行菜单命令 Particle＞Create Emitter[创建粒子＞发射器]，创建粒子发射器，把发射器的类型修改为 Volume[体积]，发射器形体如图 8-14 所示。

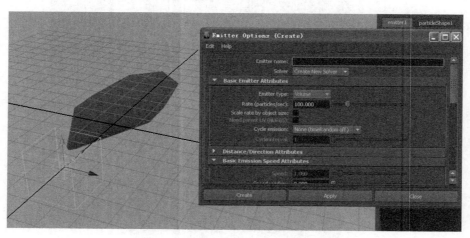

图 8-14

③ 让粒子朝一个方向发射，选择粒子后按快捷键 Ctrl＋"A"键打开粒子发射器的属性编辑器，在 Volume Speed Attributes[体积速度属性]下的 Along Axis[沿轴]中将数值量设为 10，如图 8-15 所示。

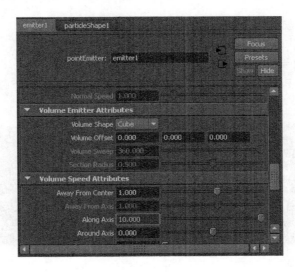

图 8-15

④ 将发射器沿轴旋转－90 度,如图 8-16 所示。

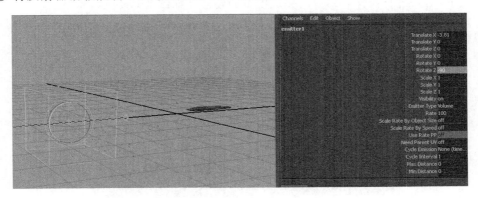

图 8-16

⑤ 选择树叶模型再选择粒子,执行 Particles＞Instancer(Replacement)［粒子＞替换］选项,如图 8-17 所示,完成粒子替代。

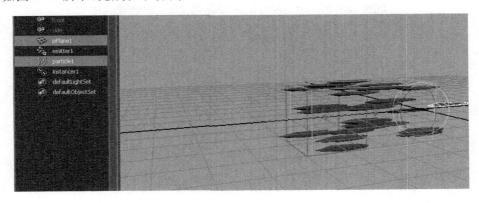

图 8-17

8.1.4 粒子碰撞

实例制作：下雨效果制作

① 在工具架上的 Polygons 标签中单击创建圆柱体按钮，创建一个圆柱体，参数如图 8-18 所示。

图 8-18

② 单击模型右击切换到 Face[面]模式下，删除除顶面以外所有的面，切换至 Vertex[点]模式下，对点进行拉伸和缩放。完成模型的建立。如图 8-19 所示。

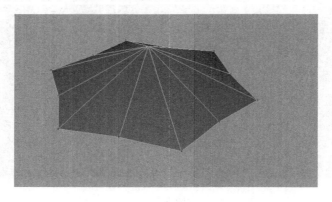

图 8-19

③ 选中所有的面，执行 Extrude[挤出]命令，挤出伞面的厚度，如图 8-20 所示。

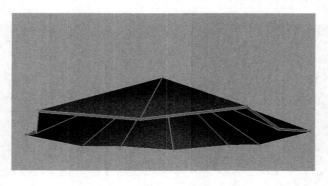

图 8-20

④ 建立一个伞把的模型，放置在伞的中央，如图 8-21 所示。

图 8-21

⑤ 在伞的上方和下方创建两个 Nurbs 平面作为地面和下雨层。如图 8-22 所示。

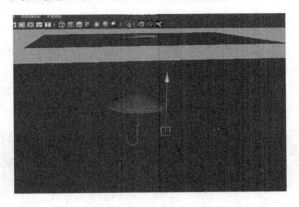

图 8-22

⑥ 选中上面的平面，打开执行 Particles＞Emit from object［粒子＞从物体上发射］的属性编辑器，如图 8-23 所示。

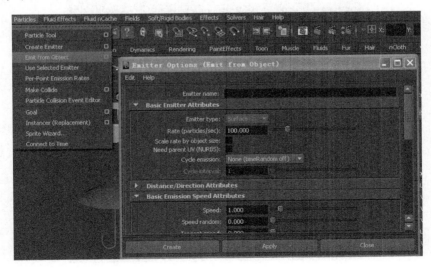

图 8-23

⑦ 选择粒子,执行 Fields＞Gravity[场＞重力]命令,如图 8-24 所示。

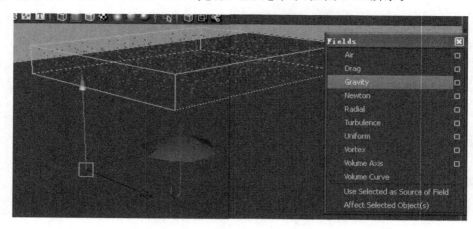

图 8-24

⑧ 设置动画播放时长为 200 帧,制作粒子碰撞效果,先选择粒子再选中地面物体,执行 Particles＞Make Collide[粒子＞制造墙]命令,制造出粒子碰撞效果。

⑨ 执行 Particles＞Particle Collision Event Editor[粒子＞粒子碰撞事件编辑器],对 Particle 1 粒子属性进行修改,如图 8-25 所示。

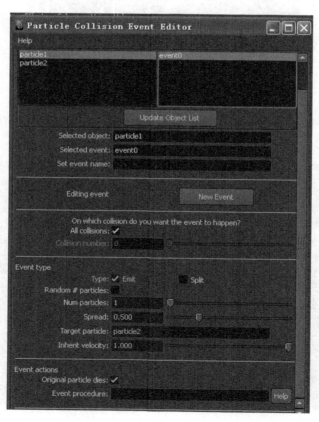

图 8-25

⑩ 在 Outline[菜单]中选中 Particles1,Ctrl+"A"调出粒子属性,在 ParticleShape1 中对参数进行调整,把 Lifespan Attributes[寿命参数]中 lifespan Mode[寿命模式]设定为 Constant[恒定],将 Lifespan[寿命]设置为 1.0。将 Particle Render type [粒子渲染类型]设置为 Spheres[球体]如图 8-26 和图 8-27 所示。

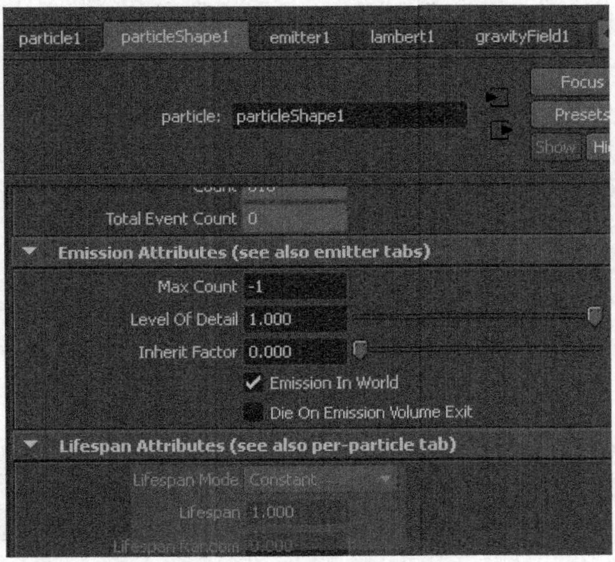

图 8-26

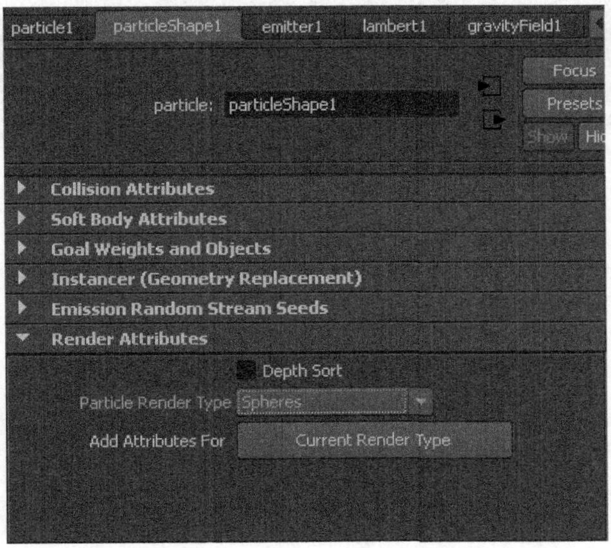

图 8-27

⑪ 执行 Window＞Relationship Editors＞Dynamic Relationships[窗口＞链接编辑＞动力链接编辑],在对话框中选择 particles2 使之与重力场关联,如图 8-28 所示。

⑫ 选择地面,将高级属性菜单内的 Geo Connector2 下的 Resilience[反弹]设置为 0.7。

⑬ 在 Outline[菜单]栏内选择 Particle1,将渲染属性转变成 MultiStreak[多流线],勾选 Color Accum[色彩堆积],设置参数如图 8-29 所示。

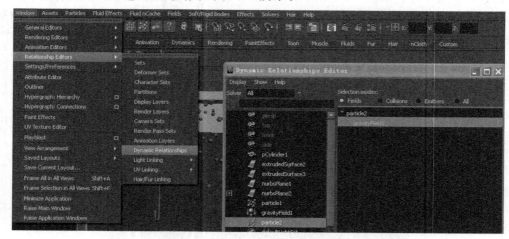

图 8-28

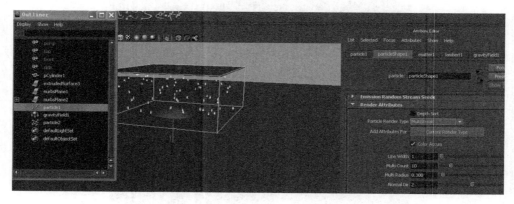

图 8-29

⑭ 把 Lifespan Attributes[寿命参数]中 lifespan Mode[寿命模式]设定为 Constant[恒定],将 Lifespan[寿命]设置为 5.0,如图 8-30 所示。

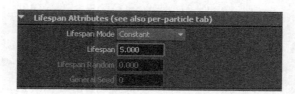

图 8-30

⑮ 在 Add Dynamic Attributes[添加动力学属性]下的 Opacity[不透明度]按钮,勾选 Add per Particle Attribute[给每个粒子添加属性],并单击 Add Attribute[添加属性]按钮完成设置,如图 8-31 所示。

⑯ 选择粒子再选中伞,执行 Particles＞Make Collide[粒子＞制造墙]命令,制造出粒子碰撞效果。设置 Resilience[反弹]为 0.8,Friction[摩擦]为 0.2,如图 8-32 所示。

图 8-31

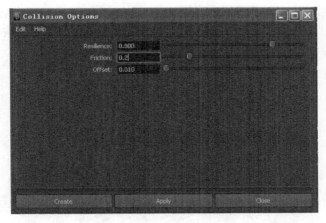

图 8-32

⑰ 在大纲中选中粒子 Particle1，执行粒子碰撞事件，执行 Particles＞Particle Collision Event Editor［粒子＞粒子碰撞事件编辑器］，对 Particle 1 粒子属性进行修改，如图 8-33 所示。

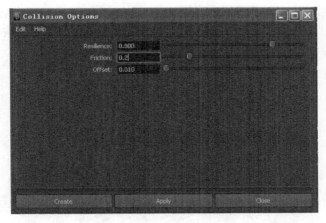

图 8-33

⑱ 在 Add Dynamic Attributes[添加动力学属性]下的 Opacity[不透明度]按钮,勾选 Add per Particle Attribute[给每个粒子添加属性],并单击 Add Attribute[添加属性]按钮完成设置。

⑲ 在 Outline[菜单]栏内选择 Particle1,将渲染属性转变成 MultiStreak[多流线],勾选 Color Accum[色彩堆积]。

⑳ 选中雨伞,将属性编辑器中的 Geo Connector Attribute[连接编辑器]属性栏中 Tessellation Factor 数值设置成 2 000。单击属性编辑器中 Add Dynamic Attribute[添加动力学]属性下的 Opacity[不透明度],在弹出的对话框中勾选 Add Per object Attribute[添加物体属性复选框]完成设置。

㉑ 最终雨水溅起的效果渲染图如图 8-34 所示。

图 8-34

8.2 流体动画的制作

Maya 中的 Fluid Effect[流体特效]的制作时基于动力学计算的,可以产生真实的流体运动效果,如空气运动、烟火、爆炸等。流体的制作流程比较简单,一般流程是:创建容器——添加发射器——生成流体——调整相关参数——渲染。

8.2.1 创建空的容器

在动力学菜单组中,执行菜单命令 Fluid Effects/Create 3D Container[流体特效/创建 3D 容器],在场景中创建一个空的 3D 容器。在动力学菜单组中,执行菜单命令 Fluid Effects/Create 2D Container[流体特效/创建 2D 容器],在场景中创建一个空的 2D 容器。如图 8-35 所示。

图 8-35

8.2.2　创建带有发射器的容器

执行菜单命令 Fluid Effects/Create 3D Container with Emitter[流体特效/创建带有发射器的 3D 容器]。执行菜单命令 Fluid Effects/Create 2D Container with Emitter[流体特效/创建带有发射器的 2D 容器]。如图 8-36 所示。

图 8-36

8.2.3　生成流体

① 执行菜单命令 Fluid Effects/Create 3D Container with Emitter[流体特效/创建带有

发射器的 3D 容器]。在场景中创建一个 3D 容器,如图 8-37 所示。

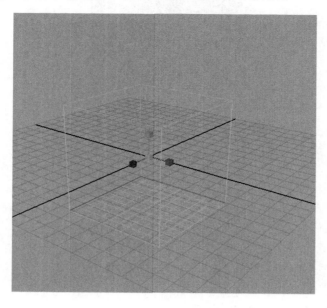

图 8-37

② 选中 3D 容器,执行命令 Fluid Effects/Add/edit Contents/Gradients[流体特效/添加/编辑附属物体/梯度],为容器添加流体,如图 8-38 所示。设置场景时间为 1～200 帧,可以观察容器中流体渐变的效果。

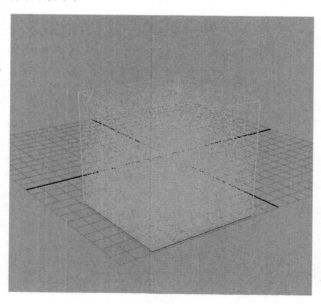

图 8-38

③ 我们可以通过绘制梯度来表现流体动画。执行菜单命令 Fluid Effects/Create 3D Container with Emitter[流体特效/创建带有发射器的 3D 容器]。执行命令 Fluid Effects/Add/edit Contents/Paint Fluids Tool[流体特效/添加/编辑附属物体/流体绘制工具],为容

器添加流体。如图 8-39 所示,在场景中可以看到笔刷的半径属性和绘制方向。使用鼠标可
以在容器中进行绘制。

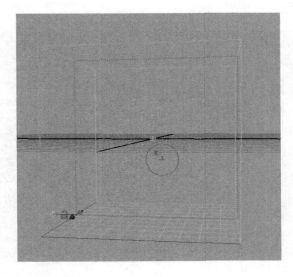

图 8-39

8.3 流体与粒子

Maya 中的粒子可以受到容器的影响产生运动。

① 执行菜单命令 Fluid Effects/Create 3D Container with Emitter[流体特效/创建带有
发射器的 3D 容器]。在场景中创建一个 3D 容器,执行命令 Particle/Create Emitter[粒子/
创建发射器],在场景中创建一个粒子发射器。按 Ctrl+"A"键,打开粒子发射器的属性编
辑器,在 Basic Emitter Attributes[发射器属性]菜单下,设置发射器的类型为 Volume[体
积],在 Volume Emitter Attribute[体积发射器属性]下,修改 Volume Shape[体积形状]为
Sphere[球],如图 8-40 所示。

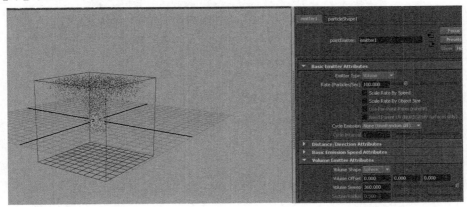

图 8-40

② 执行菜单 Windows/Relationship Editors/Dynamic Relationship[窗口/编辑关系/动力学关系]命令。在窗口右侧显示场。选择 FluidShape[流体形状]选项,使 Paticle1[粒子1]与 FluidShape[流体形状]链接。如图 8-41 所示。

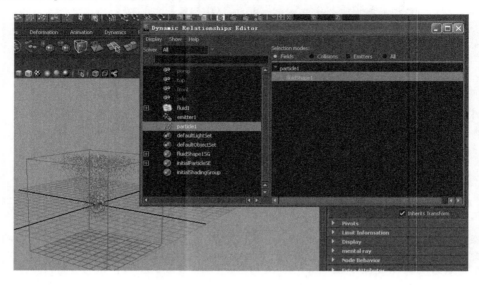

图 8-41

③ 在场景中选择粒子,按 Ctrl+"A"键打开其属性编辑器,在 General Control Attributes[常规控制属性]栏,修改 Conserve[继承]属性值为 0,播放动画可以观察效果。如图 8-42 所示。

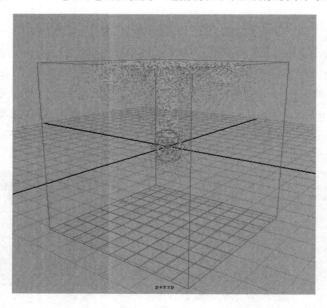

图 8-42

8.3.1　海洋动画

我们可以通过 Create Ocean［创建海洋］命令，在场景中创建一个 Nurbs 表面和海洋材质，海洋材质为表面产生置换，用来模拟水面涟漪效果。

① 创建一个新场景，执行 Fluid Effects/Ocean/Create Ocean［流体特效/海洋/创建海洋］命令，在场景中创建一个海洋的表面。单击渲染按钮可以得到如图 8-43 所示。Ocean 属性可以参考如图 8-44 所示。

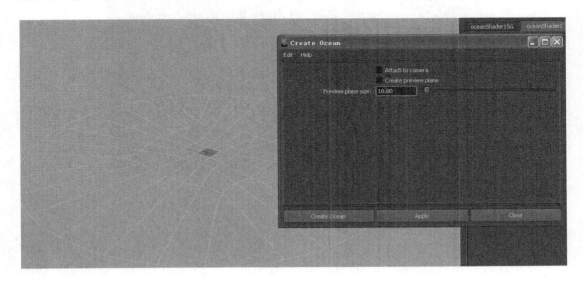

图 8-43

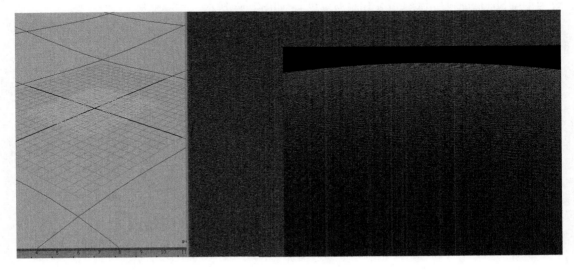

图 8-44

② 执行菜单命令 Fluid Effects/Get Ocean/Pond Example[流体特效/导入海洋/池塘实例]，打开 Visor[资源窗]，把想要创建的类型拖入视图即可完成创建，如图 8-45 所示。

图 8-45

8.3.2　烟雾动画

① 新建场景，执行菜单命令 Fluid Effects/Create 3D Container with Emitter[流体特效/创建带有发射器的 3D 容器]。在场景中创建一个 3D 容器，调整参数，如图 8-46 所示。打开 3D 容器的属性卷展栏，将 Density[密度]、Velocity[速率]等值设为 Off[Zero]，将 Color Method[颜色方法]设为 Use Shading[材质] Color[使用材质颜色]。如图 8-47 所示。

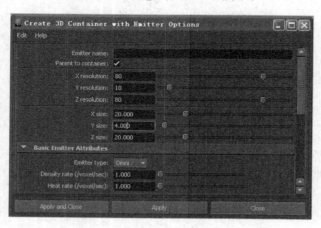

图 8-46

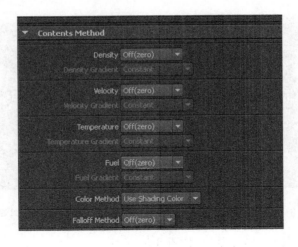

图 8-47

② 打开 Texture[纹理]卷展栏，勾选 Texture Color[纹理颜色]复选框，Texture Incandescence[纹理面积] 复选框和 Texture Opacity[纹理不透明度] 复选框，如图 8-48 所示。

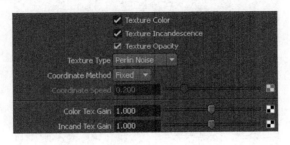

图 8-48

③ 打开 Shading[材质]卷展栏，调整 Opacity[不透明]参数进行调整，如图 8-49 所示。

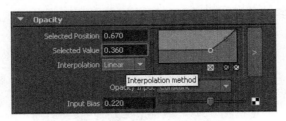

图 8-49

④ 可以通过 Shading[材质]［阴影]中的 Color[颜色]卷展栏来调整云的颜色，修改的颜色渐变方式，将 Interpolation[过渡方式]设为 Smooth[光滑]，将 Color Input[颜色输入]设为 Y Gradient，Input Bias[输入偏差]设为 0.18。如图 8-50 所示。

⑤ 修改自发光的颜色渐变，将 Incandescence[自发光输入]设为 Constant[恒定]。如图 8-51 所示。

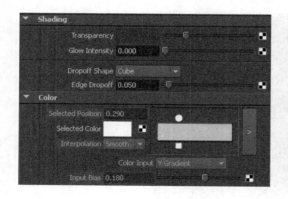

图 8-50

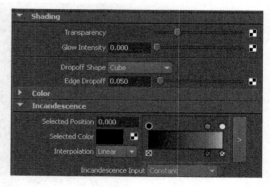

图 8-51

⑥ 调整 Texture[纹理]修改参数,如图 8-52 所示。

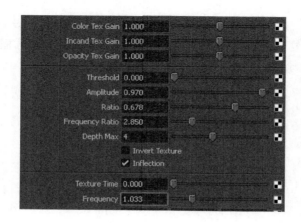

图 8-52

⑦ 创建一个环境雾的效果,我们同样创建一个 3D 容器,但是要比之前创建的模型要大一些,如图 8-53 所示。

图 8-53

⑧ 调整新容器的 Shading[材质]属性栏下 Transparency[透明度]，调整参数如图 8-54 所示。

图 8-54

⑨ 同时调整新容器的 Shading[材质]属性栏下 Opacity[不透明度]，和 Incandescence[炙热]卷展栏属性。调整参数如图 8-55 所示。

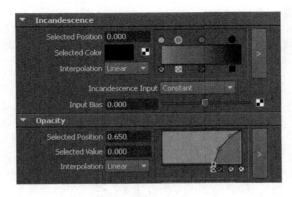

图 8-55

⑩ 最后打开云雾流体容器 Shading[材质]设置，调整 Lighting[灯光]，勾选 Self Shadow 复选框。如图 8-56 所示。设置场景时长 200 帧，播放动画进行渲染，最终效果如图 8-57 所示。

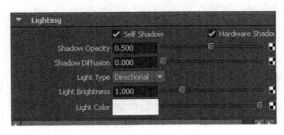

图 8-56

8.3.3　火焰动画

① 新建场景，建立一个简单的蜡烛模型，然后执行菜单命令 Fluid Effects/Create 3D Container with Emitter[流体特效/创建带有发射器的 3D 容器]。在场景中创建一个 3D 容器，放到合适的位置。调整参数后如图 8-58 所示。

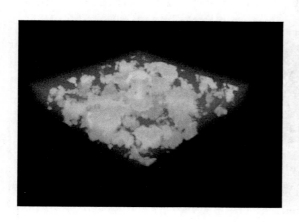

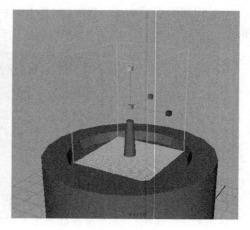

图 8-57 图 8-58

② 按 Ctrl＋"A"键进入 3D 容器的属性,然后选择属性拦下的 FluidShape2,调整 Fluid-Shape2 参数如图 8-59 所示。

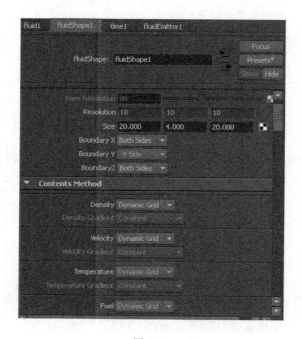

图 8-59

③ 增加动画的帧数,预览一下动画的效果,如图 8-60 所示。

④ 选择 Container 容器,在 FluidEmitter1 属性下,改变一些参数,如图 8-61 所示。

⑤ 按 Ctrl＋"A"键进入 3D 容器的属性,然后选择属性拦下的 FluidShape1,调整 Density[密度]参数,如图 8-62 所示。

⑥ 同时调整 FluidShape2 下的其他属性参数,调整参数如图 8-63 所示。

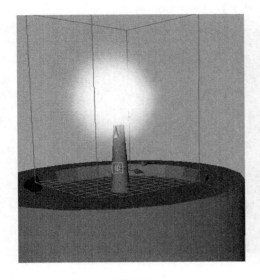

图 8-60

图 8-61

图 8-62

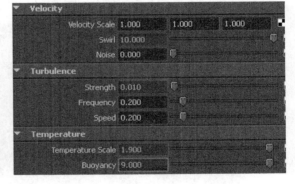

图 8-63

⑦ 在属性拦下的 FluidShape1 打开 Shading[材质]属性栏,改变下列参数,如图 8-64 所示。

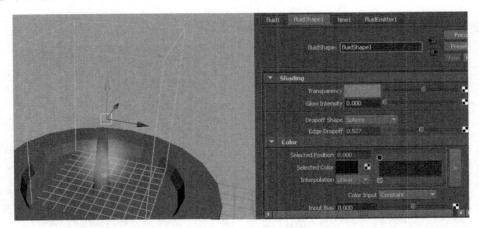

图 8-64

⑧ 打开 Incandescence[炙热]属性栏，改变下列参数，如图 8-65 所示。

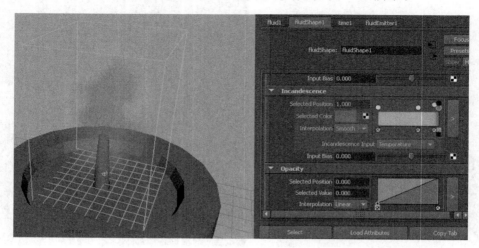

图 8-65

⑨ 设置 Opacity[不透明度]选项，如图 8-66 所示。

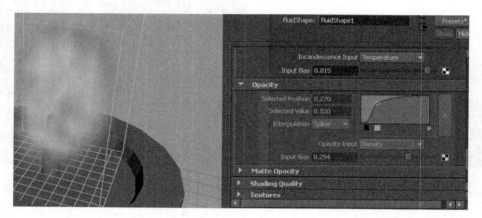

图 8-66

⑩ 赋予蜡烛一个 Blinn 材质，渲染如图 8-67 所示。

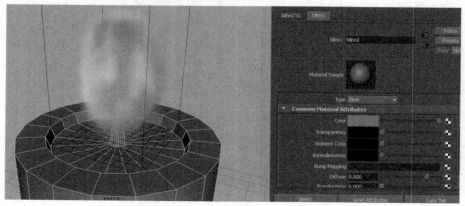

图 8-67

⑪ 最后渲染效果如图 8-68 所示。

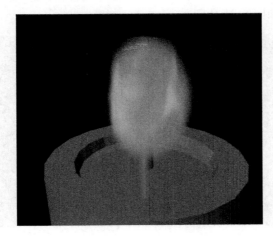

图 8-68

8.3.4　爆炸动画

① 执行菜单命令 Fluid Effects/Create 3D Container with Emitter[流体特效/创建带有发射器的 3D 容器]。在场景中创建一个 3D 容器,放到合适的位置。调整参数,如图 8-69 所示。

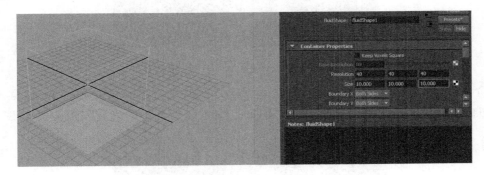

图 8-69

② 将 Shading[材质]中的 Tansparency[透明度]设为深灰色,将 Edge Dropoff[边缘衰减]设为 0.165,如图 8-70 所示。

图 8-70

③ 修改流体的 Color[颜色和]Incandescence[自发光]属性参数,具体可以根据实际颜色进行调整,颜色渐变如图 8-71 所示。

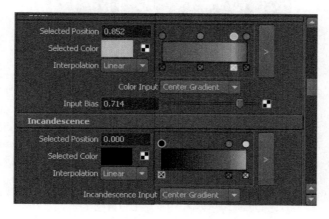

图 8-71

④ 修改 Opacity[不透明度]中的颜色曲线,将 Opacity Input[不透明度输入]设为 Center Gradient。据图参数如图 8-72 所示。

图 8-72

⑤ 打开 Texture[纹理]卷展览,勾选 Texture Color[纹理颜色],Texture Incandescence[纹理自发光],Texture Opacity[纹理不透明度]复选框。其他的参数如图 8-73 和图 8-74 所示。

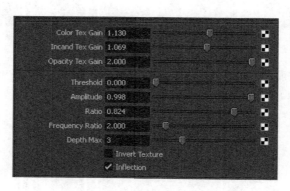

图 8-73

⑥ 打开 Lighting[灯光]卷展栏,勾选 Self Shadow[自身阴影]复选框,将 Shadow Opacity[阴影不透明度]设为 1。如图 8-75 所示。

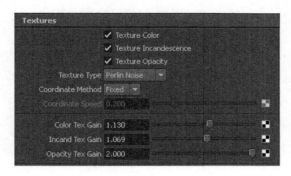

图 8-74

图 8-75

　　⑦ 现在爆炸的流体效果已经基本调好，接下来需要设置关键帧完成爆炸的动画效果。
Input Bias[输入偏差]，可以控制爆炸的形态，将 Color[颜色]，Incandescence[自发光]和 O-
pacity[不透明度]的 Input Bias[输入偏差]设置关键帧，可以在第 1、5、10、15 帧上分辨调整
相关参数，将每一 Color 项 Input Bias[输入偏差]值降低再设置关键帧。播放动画可以看到
效果。如图 8-76 所示。

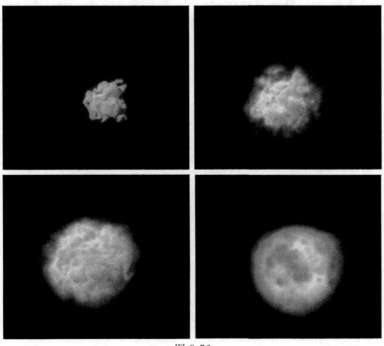

图 8-76

第9章　　　　刚体和柔体动画

形状和尺寸保持固定，不随事件而变化的几何体，称之为刚体[Rigid Body]。实质就是在 Maya 中建立一个物理环境，并用它来模拟现实环境中的如重力、风等物理原理作用下与其他物体相碰撞时发生的情景。Nurbs 物体和多边形物体都可以转换为刚体。

我们创建几何体，使其成为柔软的对象，这种对象称之为柔体[Soft body]，柔体的创建对象可以是曲面、Nurbs 曲线和曲面、晶格。不可以对骨骼、曲面上的曲线创建柔体。

9.1　刚体约束

刚体[Rigid Body]是转化为刚体外形的多边形面或者 Nurbs 曲面。与常规的曲面不同，在动画过程中，刚体会相互碰撞。要为刚体运动制作动画，我们可以使用场、关键帧、约束等。

Maya 中有两种刚体，一种是主动刚体，另一种是被动刚体。主动刚体可以受动力场、碰撞和没有设置关键帧弹簧的作用，从而产生反作用。被动刚体则要有一个与其碰撞的主动刚体。我们可以为被动刚体设置关键帧，设置关键帧的主动刚体不再受动力场的作用。

实例制作：刚体约束

① 在工具栏加上单击创建立方体按钮，创建 Cube[方体]，建立一个如图 9-1 所示的场景。

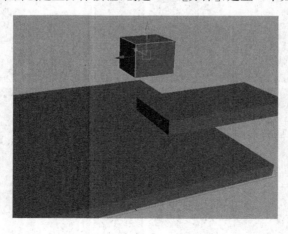

图 9-1

② 单击最上方的立方体执行 Soft/Rigid Bodies＞Create Active Rigid Body[柔体/刚体＞创建主动刚体]命令,同时赋予方体 Fields＞Gravity[场＞重力]命令,给场景添加重力效果。

③ 单击中间的长方体和地面执行 Soft/Rigid Bodies＞Create Passive Rigid Body[柔体/刚体＞创建被动动刚体]命令,执行动力学动画的播放,可以看到如图 9-2 和图 9-3 所示的动画效果。

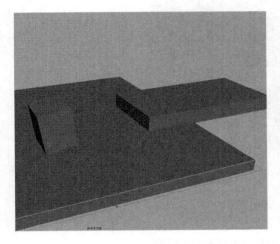
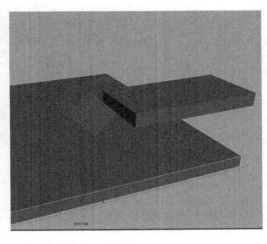

图 9-2   图 9-3

④ 如果是单击中间的长方体赋予主动刚体的效果,单击动画播放会有如图 9-4 和图 9-5 所示的效果。

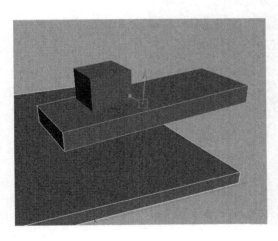
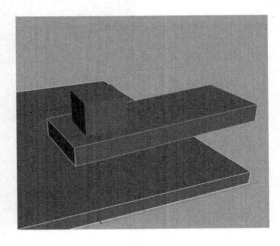

图 9-4   图 9-5

9.1.1 Nail[钉]约束

① 在工具栏上单击创建球体按钮,创建一个 Polygon 球体,执行 Soft/Rigid Bodies＞Create Active Rigid Body[柔体/刚体＞创建主动刚体]命令,如图 9-6 所示。

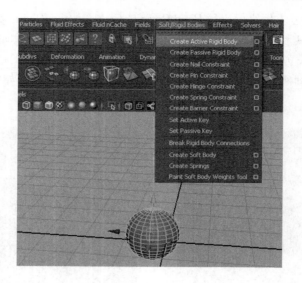

图 9-6

　② 执行 Soft/Rigid Bodies＞Create Nail Constraint［柔体/刚体＞创建主动刚体＞创建钉约束］命令，如图 9-7 所示。

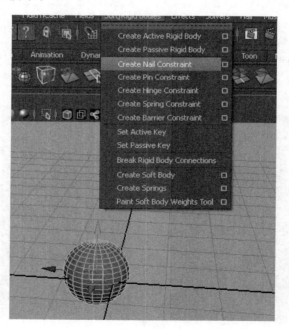

图 9-7

　③ 执行 Fields＞Gravity 命令，给场景添加重力效果。调整钉约束的位置如图 9-8 所示，播放动画可以看到如图 9-9 所示的效果图。

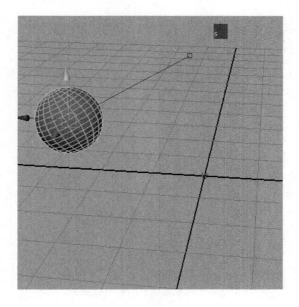

图 9-8

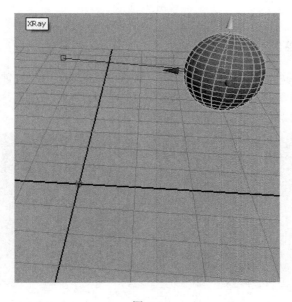

图 9-9

9.1.2 Pin[链]约束

① 利用上面我们建立好的钉约束,选择需要建立 Pin[链]约束的两个物体。执行 Soft/Rigid Bodies>Create Pin Constraint[柔体/刚体>创建主动刚体>创建链约束],如图 9-10 所示。

② 播放动力学动画可以看到新建的球体可以随上方球体一起运动。

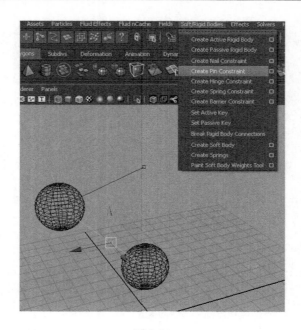

图 9-10

9.1.3 Hinge[铰链]约束

Hinge[铰链]约束可以通过铰链沿着某个限制刚体的运动，例如钟摆和门轴。

① 创建一个如图 9-11 所示的场景，选择地面执行 Soft/Rigid Bodies＞Create Hinge Constraint[柔体/刚体＞创建主动刚体＞创建铰链约束]。

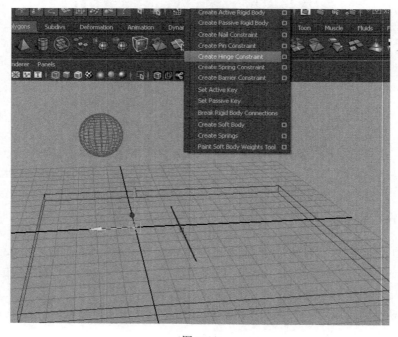

图 9-11

② 选择球体,执行 Fields>Gravity 命令,播放动力学动画,会产生如图 9-12 和图 9-13 所示的效果,地面会沿着轴进行旋转。

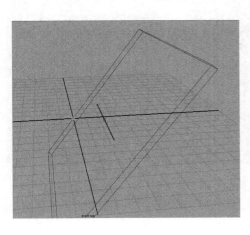
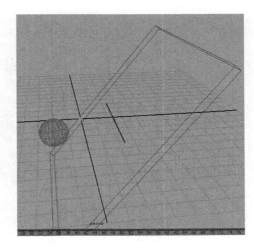

图 9-12　　　　　　　　　　　　　　　　图 9-13

9.1.4　Spring[弹簧]约束

① 创建一个如图 9-14 所示的场景,选择球体执行 Soft/Rigid Bodies>Create Spring Constraint[柔体/刚体>创建主动刚体>创建弹簧约束]。

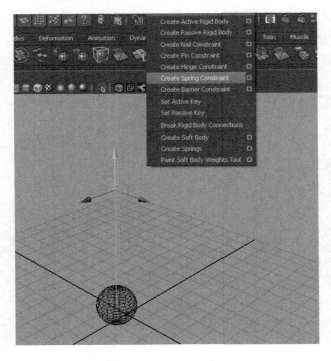

图 9-14

② 选择球体,执行 Fields>Gravity[场>重力]命令,播放动力学动画,会产生如图 9-15～图 9-17 所示的效果。球体会做弹簧拉伸弹起的运动。

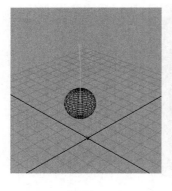 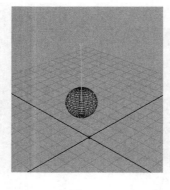 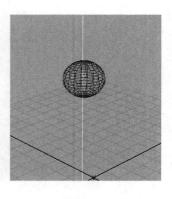

图 9-15　　　　　　　　　　图 9-16　　　　　　　　　　图 9-17

9.2　刚体动画实例 1——小球弹跳动画

实例制作:小球跳动动画制作

步骤 1　创建粒子碰撞

① 在 Polygons 菜单组中单击 Create>CV Curve Tool[创建>CV 曲线工具]命令后面的按钮,打开命令参数窗口,我们选择 3 点绘制的方式来绘制曲线,执行 surface>revolve,完成如图 9-18 所示器皿。

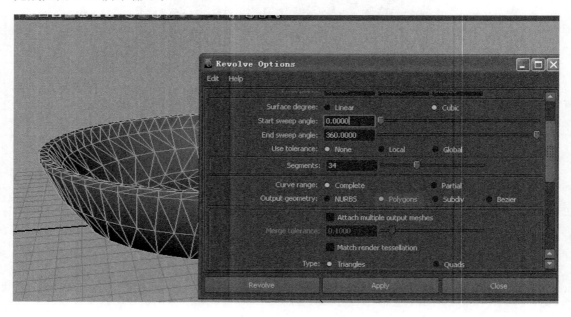

图 9-18

② 创建发射器。切换到 nDynamics 菜单组,执行 nParticles＞Create nParticles＞ Balls [n 粒子＞创建 n 粒子＞球]命令,选择球模式,然后执行 nParticles＞Create nParticles＞ Create Emitter[n 粒子＞创建 n 粒子＞创建发射器]命令,将发射器移动,然后在通道栏中设置 Gravity[重力]值为 40、Air Density[空气密度]值为 0,如图 9-19 和图 9-20 所示。

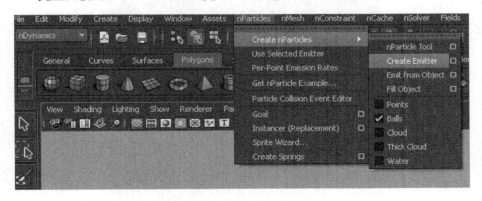

图 9-19

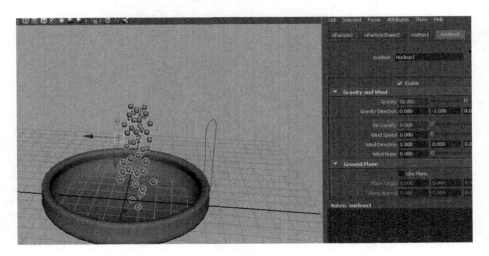

图 9-20

③ 创建被动碰撞物体。选择盆子,再执行 nMesh＞Create Passive Collider [n 网格＞ 创建被动碰撞物体]命令,如图 9-21 所示,这样粒子就落入到盆里了,如图 9-22 所示。

④ 增大粒子半径。选择粒子,在属性编辑器中 Particle Size [粒子大小]卷展栏中设置 Radius [半径]值为 0.265,如图 9-23 所示。

⑤ 接下来对发射速率进行关键帧设置,让发射器在第 45 帧的时候停止发射。将时间指示标移动到第 44 帧的位置,然后在通道栏中 Rate [速度]参数上右击,在弹出的菜单中选择 key Selected [选择关键帧]选项,设置关键帧,如图 9-24 所示,然后将时间指示标移动到第 55 帧的位置,将 Rate [速率]值设为 0,执行相同的命令设置关键帧。

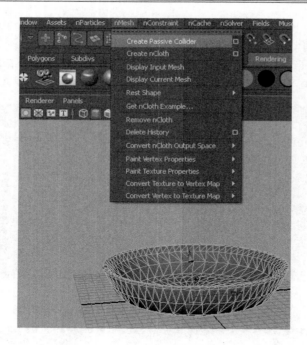

图 9-21

图 9-22

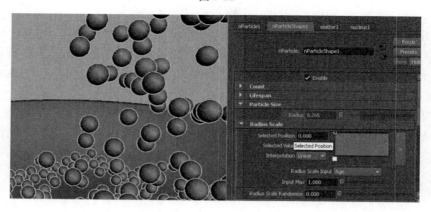

图 9-23

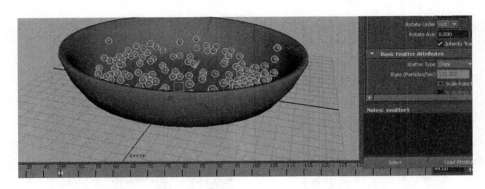

图 9-24

⑥ 创建被动物体的桌面。在工具架上 Polygons 标签下单击创建平面按钮,创建一个平面作为地面,将其放大并摆放好位置,让盆子正好位于地面的上方,物体之间不要发生穿插。然后选择桌面,执行 nMesh>Create Passive Collider〔n 网格>创建被动碰撞物体〕命令,这样桌面也变成了被动碰撞物体,如图 9-25 所示。

⑦ 创建盆子倒出粒子动画。选择盆子模型,移动时间指示标到第 130 帧的位置,然后按下"S"键,为其设置关键帧,然后在第 180 帧的位置,将盆子摆放到如图 9-26 所示的位置,按下"S"键再次设置关键帧。同理可以自由设置盘子向下运动的关键帧位置。播放动画观察效果,如图 9-27～图 9-30 所示。

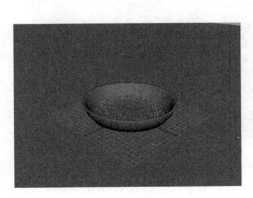

图 9-25

图 9-26

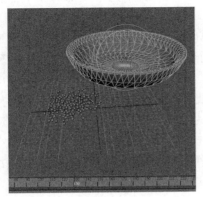

图 9-27

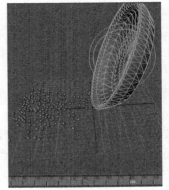

图 9-28

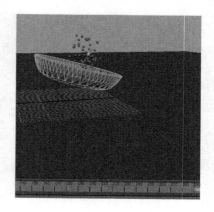

图 9-29 图 9-30

步骤 2 材质渲染

① 为桌面赋予材质。选择桌面，右击，在弹出的菜单中执行 Assign Favorite Material ＞ Blinn［指定最爱材质＞布林］命令，为物体指定一个 Blinn 材质。在属性编辑器的 Color［颜色］参数右侧单击属性按钮，然后在弹出的创建渲染节点窗口中单击 File［文件］按钮，在弹出的属性编辑器中单击属性按钮，导入准备好的贴图，如图 9-31 所示。

图 9-31

② 当前的纹理尺寸太大，我们可以通过编辑 UV 调小尺寸。执行 Window＞UV Texture Editor［窗口＞UV 纹理编辑器］命令，打开 UV 编辑器，选中全部的 UV 点将其放大，这样纹理就变小了，如图 9-32 所示。

③ 创建玻璃材质，选择盆子模型，右击，在弹出的菜单中执行 Assign Favorite Material ＞ Blinn［指定最爱材质＞布林］命令，为物体指定一个 Blinn 材质。在属性编辑器中设置材质的各个参数如图 9-33 和图 9-34 所示。

④ 创建光源，单击工具架渲染菜单下的创建聚光灯按钮，创建一盏聚光灯。然后执行 Panels＞Look Through Selected Camera 命令，为物体设定光源的位置。如图 9-35 所示。

⑤ 设置聚光灯的参数，在属性编辑器卷展栏中将光线强度 Intensity［强度］设置为 0.9，Penumbra Angle［半影区角度］值设置为 20，勾选 Raytrace Attributes［光线追踪属性］卷展栏中的 Use Trace Shadow［使用光线追踪］选项；在 Area Light［区域灯光］下勾选打开按钮。

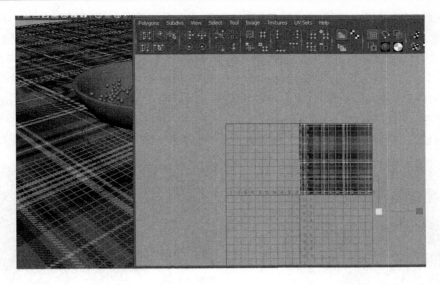

图 9-32

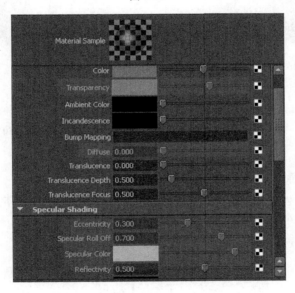

图 9-33

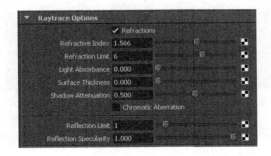

图 9-34

⑥ 在状态栏中单击渲染设置按钮,在打开的渲染设置窗口中设置 Render Using［使用渲染器］为 MentalRay,单击 Indirect Lighting［间接灯光的标签,在 Environment［环境］卷展览中单击 Image Lighting［基于图像照明］后面的 Create［创建］按钮。在打开的属性编辑器中的 Image Based Lighting Attributes［基于图像照明属性］卷展览中,单击 Image Name［图像名称］右侧的按钮,导入已经准备好的 HDR 贴图。在 Final Gathering［最终聚集］卷展栏中勾选 Final Gathering［最终聚集］选项。

⑦ 调整渲染角度,在状态栏单击渲染按钮,可以得到如图 9-36 所示的最终效果。

图 9-35

图 9-36

9.3　刚体动画实例 2——吊桥的动画演示

步骤 1　创建吊桥主体结构

① 执行 Create＞polygon Primitives＞Cube［创建＞多边形基本体＞球体］命令,在透视图中央按下鼠标左键并拖拽鼠标,拉出一个立方体,作为桥墩。如图 9-37 所示。

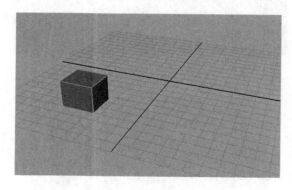

图 9-37

② 接下来利用 Create＞polygon Primitives＞Cylinder［创建＞多边形基本体＞圆柱体］命令,创建一个圆柱体,调整圆柱体的段数 Subdivisions Height［高度细分］为 11,如图 9-38 和图 9-39 所示。

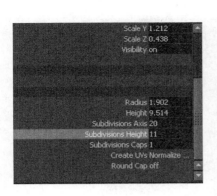

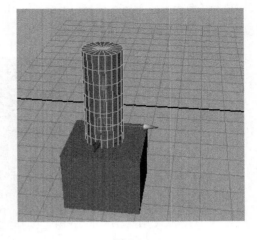

图 9-38　　　　　　　　　　　　　　　　　　　图 9-39

③ 执行 Create＞polygon Primitives＞Sphere[创建＞多边形基本体＞球体]命令，创建一个球体，放置在圆柱体之上作为桥墩。如图 9-40 所示。

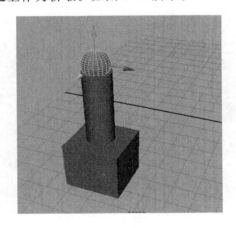

图 9-40

④ 用 Ctrl＋"D"键的命令对桥墩进行复制 3 个，分别置于合适位置，完成桥墩的搭建。如图 9-41 所示。

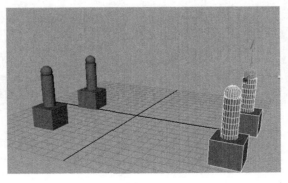

图 9-41

⑤ 执行 Create＞polygon Primitives＞cube[创建＞多边形基本体＞立方形]命令，创建一个立方形作为桥锁，如图 9-42 所示。

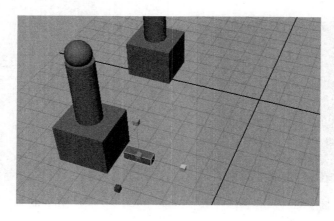

图 9-42

⑥ 执行 Ctrl＋"D"键和 Shift＋"D"键的命令对桥锁链进行复制，复制适当数量，完成桥锁链的建立。如图 9-43 所示。

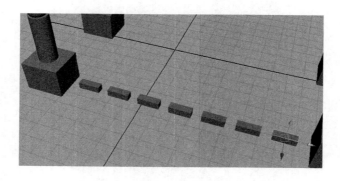

图 9-43

⑦ 分别在锁链和桥墩之间建立一个立方体作为桥墩和锁链的固定点，如图 9-44 所示。

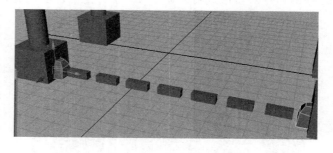

图 9-44

⑧ 执行 Ctrl＋"D"键命令分别复制桥锁链到合适的位置,如图 9-45 所示。

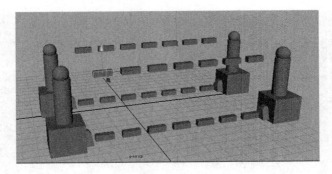

图 9-45

步骤 2　刚体链接

① 切换到 Dynamics 模块,选择桥墩固定点和第一条锁链,执行 Soft/Rigid Bodies＞Create Spring Constraint[柔体/刚体＞创建弹簧约束]命令,如图 9-46 和图 9-47 所示,完成弹簧约束。

图 9-46

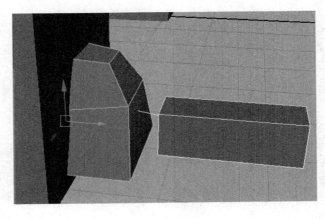

图 9-47

② 选中相连的桥锁链,执行 Soft/Rigid Bodies＞Create Pin Constraint[柔体/刚体＞创

建别针约束]命令,如图 9-48 和图 9-49 所示,完成桥锁链的链接。

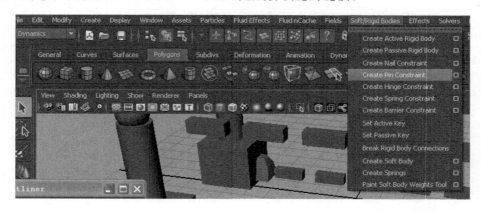

图 9-48

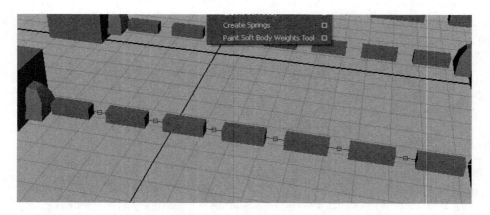

图 9-49

③ 按照同样的方法,完成桥梁其他相关锁链和桥梁固定点物体的约束,如图 9-50 所示。

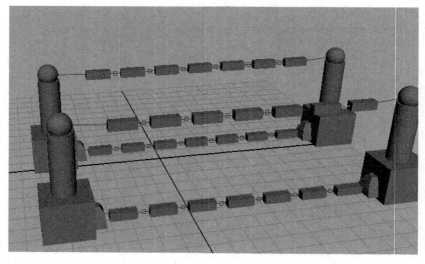

图 9-50

提示：重复上部的命令可以用键盘"P"键快速完成。

④ 选中桥梁固定点物体和所有的桥梁的锁链物体，执行 Fields＞Gravity［场＞重力］命令，赋予选中物体重力场，如图 9-51 所示。

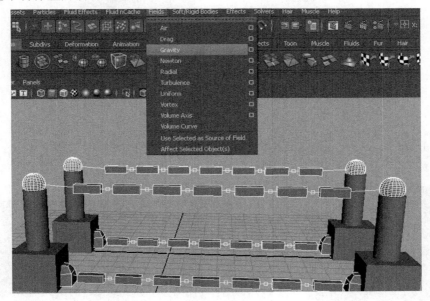

图 9-51

⑤ 设置场景时间轴为 2000，如图 9-52 所示。

图 9-52

⑥ 分别选中桥梁的固定点物体，执行 Ctrl＋"A"键调出属性，把 Active 数值设置成 0，把激活选项改成禁用。如图 9-53 所示。

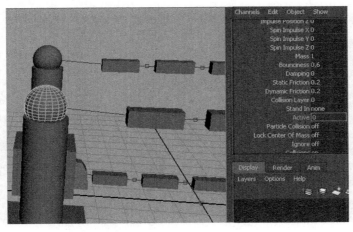

图 9-53

⑦ 单击动画播放按钮，可以发现默认数值下桥锁链弹动速度很快，如图 9-54 所示。

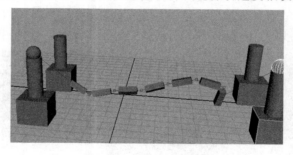

图 9-54

⑧ 打开 Window＞Outliner［窗口菜单＞大纲］，如图 9-55 所示。选中 Spring Constraint［弹簧约束］，如图 9-56 所示。

图 9-55

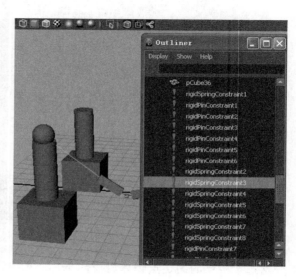

图 9-56

⑨ 可以将弹簧约束的刚度和阻尼调大，以便运动更加真实。如图 9-57 和图 9-58 所示。

图 9-57

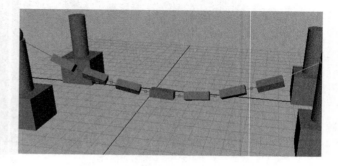

图 9-58

⑩ 按照相同的设置完成其他吊桥锁链的参数设置,播放动画,可以大概得到如图 9-59 所示的效果。

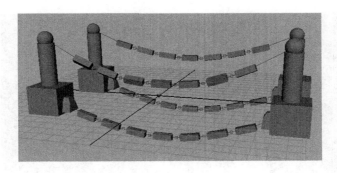

图 9-59

步骤 3　刚体约束

① 执行 Create＞polygon Primitives＞cube[创建＞多边形基本体＞立方形]命令,创建一个长方体方形作为桥板,如图 9-60 所示。

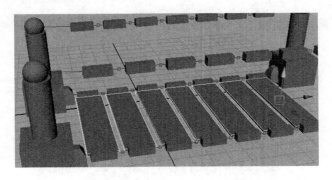

图 9-60

② 选中桥板中心点[按 Insert 键]把坐标轴拖动至上端相对应的桥链处,如图 9-61 所示。

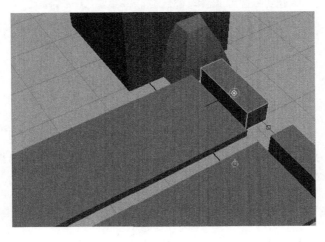

图 9-61

③ 切换至 Animation 模块，先后单击 A 物体和 B 物体，执行 Constrain＞Point［约束＞点约束］命令。关联相关物体，如图 9-62 所示。

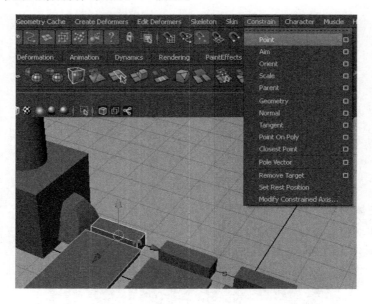

图 9-62

④ 用同样的方法完成其他桥板的约束关联，播放动画的效果如图 9-63 所示。

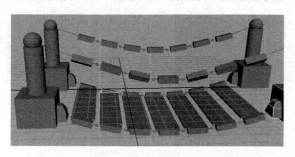

图 9-63

9.4 柔 体 动 画

在制作柔体时，Maya 会创建一个相应的粒子对象，在 Outline［大纲］中，粒子对象会出现在几何体的下方。几何体和粒子的结合物就是柔软对象，我们可以使用不同的动画方法使柔体产生弯曲、波纹。

9.4.1 创建柔体的方法

① 选择要作为柔体的对象，执行 Soft＞Rigid Bodies＞Create Soft Body［柔体］命令，如图 9-64 所示。

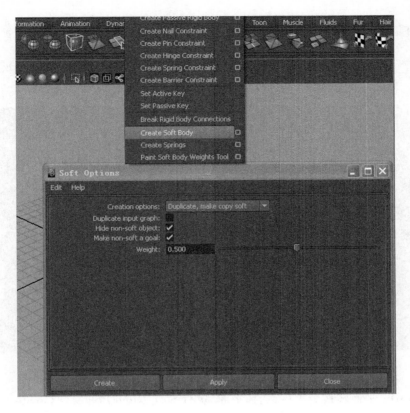

图 9-64

② Paint Soft Body Weight Tool［绘画柔体权重工具］

创建柔体的受控与否也是通过权重表现的，创建完成的 Soft Body 执行 Paint Soft Body Weight Tool 命令，绘制柔体的权重，笔刷 Value 为 0，绘制在柔体物体上显示为黑色表示受控程度大，笔刷 Value 为 1，绘制的柔体物体上显示为白色表示不受柔体控制，灰色表示受控程度适中。如图 9-65 所示。

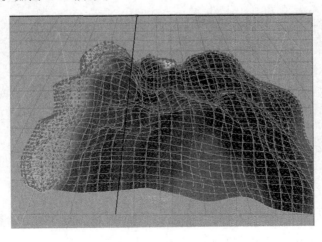

图 9-65

9.4.2　飘动的丝绸效果制作

① 创建一个 Nurbs 平面,并调整细分等级,如图 9-66 所示,并单击 Create[创建]按钮完成创建。

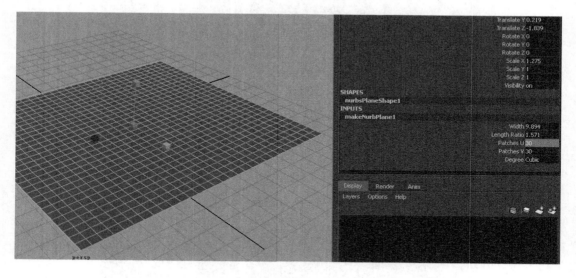

图 9-66

② 将 Nurbs 平面转换为柔体,选择平面,执行 Soft/Rigid Bodies> Create Soft Body 后的设置按钮[柔体/刚体]创建柔体>参数设置]命令。设置如图 9-67 所示,并单击 Create[创建]按钮完成创建。

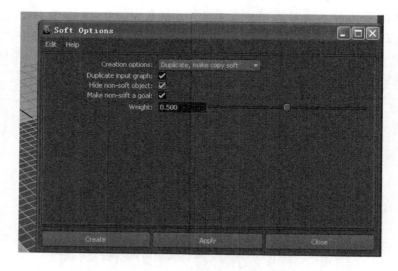

图 9-67

③ 选择平面,执行 Fields>Air 后的参数设置按钮[场>空气场>参数设置],可以对面板参数进行调整,并单击 Create 按钮完成创建,如图 9-68 所示。

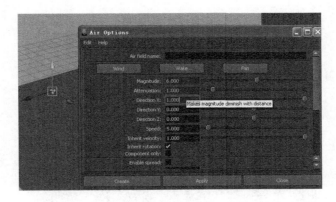

图 9-68

④ 为平面设置一个震荡场,选择平面执行 Fields＞Turbulence[场＞震荡场]参数设置],设置 Magnitude[强度]为 40,设置 Attenuation[衰减]为 1.0,并勾选 Use max distance[使用最大距离]复选框,设置 Max distance[最大距离]为 20,并单击 Create 按钮完成创建,如图 9-69 所示。

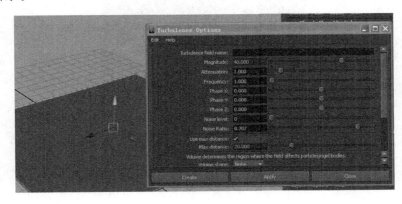

图 9-69

⑤ 为平面创建一个重力场,选择平面,执行 Fields＞Gravity[场＞重力场],如图 9-70 所示。

⑥ 为平面创建一个弹簧,选择平面,执行 Soft/Rigid Bodies＞Create Springs 后的参数设置按钮[柔体/刚体]创建弹簧约束＞参数设置]命令,在 Springs Methods 属性栏下将 Creation method[创建模式]设置为 MinMax,将 Max distance[最大距离]设为 1.0,在 Spring Attributes[弹簧约束属性]栏下设置 Stiffness[坚硬度]为 90,如图 9-71 所示。

⑦ 选择平面,执行执行 Soft/Rigid Bodies＞Paint Soft Weights Tool 后的参数设置按钮[柔体/刚体＞绘制柔体权重面板＞参数设置]命令。将 Opacity[不透明度]设置为 0.1,将 Paint Operation[笔刷方式]设置为 Replace[替换]。将 Value

图 9-70

值设置为 0。如图 9-72 所示。

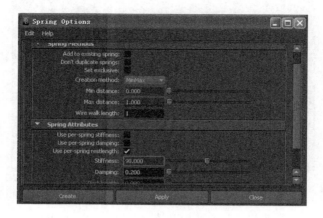

图 9-71

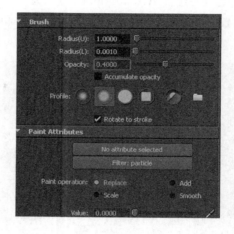

图 9-72

⑧ 选择平面，分别调整 Opacity[不透明度]设置为 0.1、0.3、0.6、0.8，绘制权重，如图 9-73 所示。

图 9-73

⑨ 绘制完毕将 Paint Operation[笔刷方式]设置为 Smooth[平滑]，并反复单击 Flood [分散]按钮，使绘制的权重更加柔和。如图 9-74 所示。

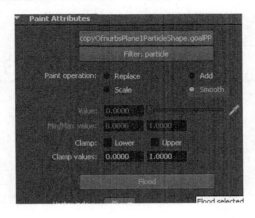

图 9-74

⑩ 播放动画效果可以看到丝绸的飘动效果。如图 9-75 所示。

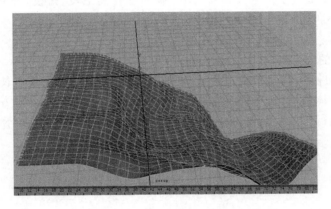

图 9-75

第10章　Maya毛发和布料的制作

10.1　Maya毛发的种植

Maya毛发[Fur]是软件的重要功能，它可以在Nurbs[曲面]、Polygon[多边形]和Sub-divs[细分]模型上生成真实的毛发效果，用于制作动物的毛皮、短发，并且可以控制头发的密度、长度、宽度、透明度、方向和卷曲度。

实例：制作草地上的石块

步骤1　石块的建立

① 在主界面切换到Polygon[多边形]模块下，单击工具架上的创建长方体的命令，在场景中创建一个长方体物体，按下"5"键进行实体显示。右击物体，进入长方体的Edge[边]子层级，选择顶面，进行拉伸和缩放，创建出石头的初步造型，如图10-1所示。

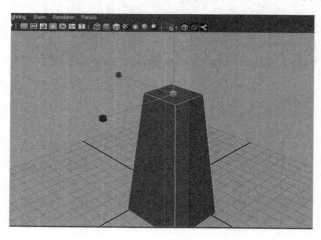

图 10-1

② 执行Windows＞Rendering Editors＞Hyper shade[窗口＞渲染编辑器＞材质编辑器]命令，在打开的材质编辑器中创建一个Lambert材质，在右侧列表中单击显示2D Tex-tures材质组，选择材质列表中的Fractal[分形]2D纹理材质，如图10-2所示。在Fractal1节点上按住鼠标中键拖拽至Lambert材质球上，并在弹出的菜单中选择Displacement map[置换贴图]，如图10-3所示。

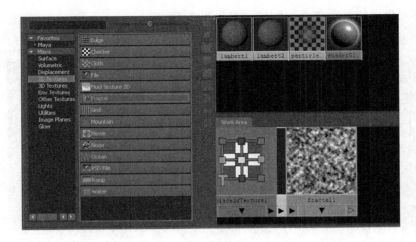

图 10-2

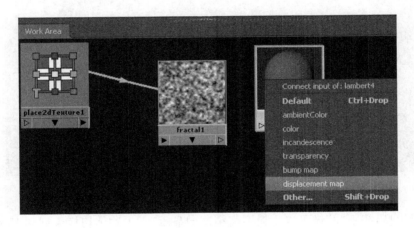

图 10-3

③ 选中模型,把 Lambert 材质赋予长方体,渲染当前场景可以得到如图 10-4 的效果。

图 10-4

④ 选中场景中的模型,执行 Modify＞Convert＞Displacement to Polygon[修改＞转换＞置换多边形]的命令,将当前模型转换为不规则的多边形效果,如图 10-5 所示。

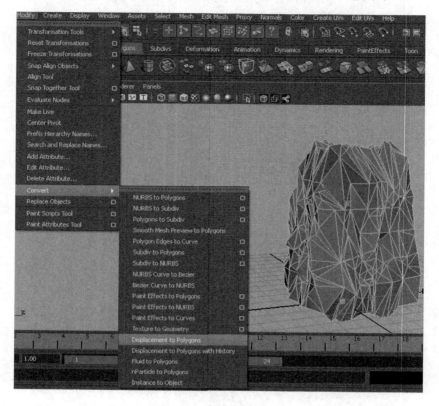

图 10-5

⑤ 选择模型,按下"3"键可以将模型高精度的显示,右击物体切换模型到 Vertex[点]模式,同时可以使用快捷键"B"打开软选择,进行模型点的调整。如图 10-6 所示。

图 10-6

⑥ 删除材质编辑器中的 Lamber2 和 Displacement map 材质节点,重新为模型添加材

质。在材质编辑器中创建一个新的 Lambert 材质球和 Fractal1 节点,和梢前操作一致,把 Fractal3 材质节点链接到 lambert 节点的 Bump map 上,如图 10-7 所示。此时可以看到 lambert 材质具有了凹凸效果,可以单击 Bump map 节点,调整 Bump Value[凹凸强度]值为 0.5,如图 10-8 所示。把材质赋予场景模型,在渲染设置中打开 mental ray 渲染器,对模型进行初步渲染,可以得到如图 10-9 所示。

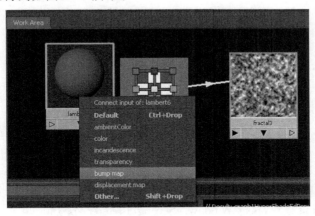

图 10-7

图 10-8

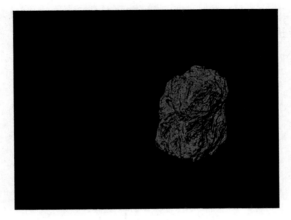

图 10-9

步骤 2　草地模型的建立

① 在工具架上单击创建平面按钮，在场景中创建一个平面，在其属性通道中创建其长宽的段数都为 15。

② 右击平面进入 Vertex[点]子层级，在平面中软选择选中任意点进行模型的修改调整，拖拽成山地效果。如图 10-10 所示。

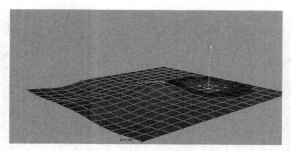

图 10-10

步骤 3　草地的种植

① 切换至 Rendering 模块，执行 Window>Setting/Preference>Plug-in Manager[窗口>设置>插件管理器]命令，在管理器中勾选 Fur.mll 的两个选项，就可以在顶部菜单中看到 Fur[皮毛]的菜单了。

② 选中平面，执行 Fur>Attach Fur Description[皮毛>连接皮毛类型>新建]命令，建立如图 10-11 所示的场景。

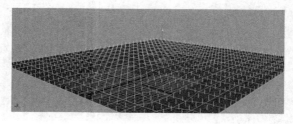

图 10-11

③ 按下 Ctrl＋"A"键打开皮毛的属性编辑器，其中 U Sample 和 V Sample 分别代表草种植的密集度，对参数进行调整，如图 10-12 和图 10-13 所示。

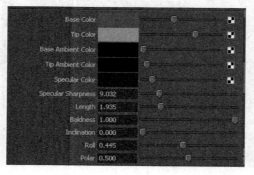

图 10-12

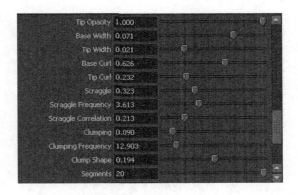

图 10-13

④ 单击渲染设置按钮,在 Indirect Lighting[间接照明]标签 Create[创建]Physical Sun and Sky[自然太阳和天空],打开天光,在 Outline[菜单]内找到天光,调整到合适位置,如图 10-14 所示,并且在材质编辑器中单击天光节点,在属性编辑器中调整 Horizon Height [地平线高度],参数值为—5,调整 Horizon Blue[地平线模糊度]为 0.5。如图 10-15 所示。

图 10-14

图 10-15

⑤ 给地面指定一个 lambert 材质,增加草坪的 Density[密度]值为 70000,如图 10-16 所示。

⑥ 在 Outline[菜单]选中天光,在属性编辑器 SunShape 标签下打开 mental ray 卷展栏,勾选 Use mental ray shadow map overrides[使用 mental ray 阴影贴图覆盖]选项,设置参数如图 10-17 所示。

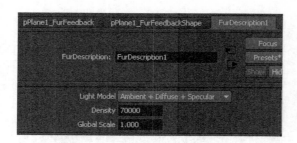

图 10-16

图 10-17

⑦ 打开渲染设置面板,在 Quality[质量]面板下打开 Final Gathering[最终聚焦]选项最终渲染如图 10-18 所示。

图 10-18

10.2　Maya 布料动画

新版本 Maya 软件中增加了 nMesh[n 网格]布料动力学系统,其功能更加强大并且更为专业,是模拟布料动画的强大工具。利用 nMesh 功能我们可以模拟出人物穿着的衣服、裙子,还可以模拟布料撕裂的效果,通过碰撞参数使他们完美与人物动画相结合,使布料系统根据人物的动作做出相应的运动效果。

10.2.1　创建布料碰撞

① 在工具架上单击创建平面按钮，在场景中创建一个平面，在其属性通道中创建其长宽的段数都为 20，如图 10-19 所示。

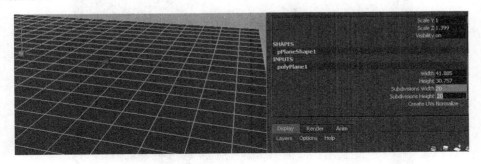

图 10-19

② 把平面转换为布料，切换菜单至 nDynamics[n 动力学]模块，选中平面，执行命令 nMesh＞Create nCloth[n 网格＞创建 nCloth 对象]。如图 10-20 所示。

图 10-20

③ 执行 Create＞Polygon Primitives＞Sphere[创建＞多边形基础物体＞球体]，在界面中创建一个球体。接着，把球体转换成碰撞物体。选中球体，执行命令 nMesh＞Create Passive Collider[n 网格＞创建碰撞对象]如图 10-21 所示。

④ 把布料移动至球体上方调整好位置，设置场景时间范围为 200 帧，播放动画可以看到布料和球球产生了碰撞到滑落的效果，如图 10-22～图 10-24 所示。

⑤ 可以通过打开布料厚度的效果观察更为真实的碰撞效果。选择布料，执行 Ctrl＋"A"键调出属性面板，选择 nClothShape1 面板，打开 Collisions[碰撞]栏中的 Solver Display 参数设置如图 10-25 所示。

⑥ 在 Thickness 参数中可以更改布料的厚度，得到的渲染效果如图 10-26 所示。

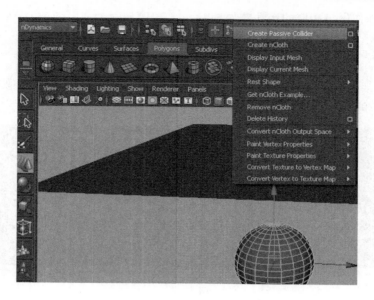

图 10-21

图 10-22

图 10-23

图 10-24

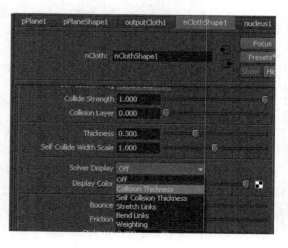

图 10-25

图 10-26

10.2.2　飘动的国旗制作

① 创建一个 Polygon[多边形]平面，设置 Subdivisions Width[细分宽度]和 Subdivisions Height[细分高度]分别为 20 和 10，如图 10-27 所示。

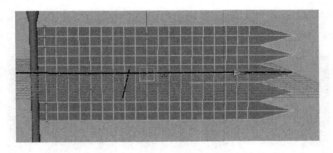

图 10-27

② 切换菜单至 nDynamics[n 动力学]模块，选中平面，执行命令 nMesh>Create nCloth[n 网格>创建 nCloth 对象，把多边形模型转换成布料。

③ 给旗帜添加旗杆，利用挤出和缩放工具制作旗杆的模型，如图 10-28 所示。

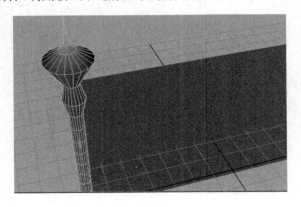

图 10-28

④ 为了使布料运算得到更好的结果,我们可以增加旗帜的精度,对旗帜进行平滑,执行 Mesh>Smooth[网格>平滑]命令,如图 10-28 所示。

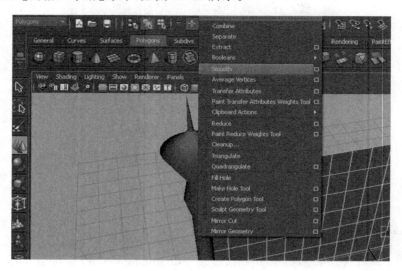

图 10-29

⑤ 同时选中旗帜的左上方和左下方 vertex[点],以及选中旗杆,执行 nConstraint[约束]中的 Transform[布料变形约束],可以把旗帜约束在旗杆上。如图 10-30 所示。

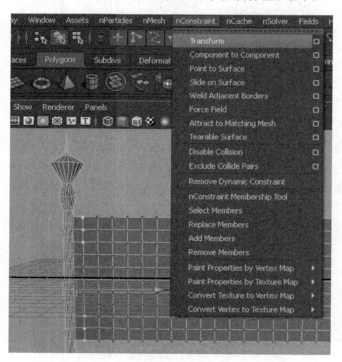

图 10-30

⑥ 设置动画总帧数为 200，播放动画可以看到如图 10-31 所示的效果。

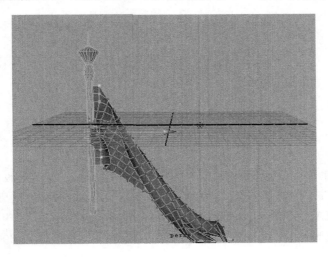

图 10-31

⑦ 单击旗帜，按快捷键 Crtl＋A 打开属性编辑器，打开 nucleus1[核心]节点，可以再面板下对布料的 Gravity Direction[重力方向]、Air Density[空气密度]、Wind Speed[风速]、Wind Direction[风的方向]、Wind Noise[风的干扰度]进行调整。如图 10-32 所示。

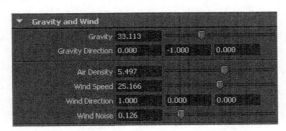

图 10-32

⑧ 最后渲染结果如图 10-33 和图 10-34 所示。

图 10-33

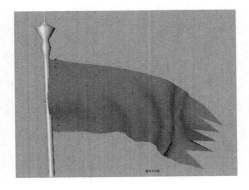

图 10-34

主要参考资料

〔1〕 万建龙.MAYA 火星课堂〔M〕.北京:人们邮电出版社,2011.

〔2〕 尹万松.方楠.MAYA2010 动画制作标准教程.〔M〕北京:科学出版社,2010.

〔3〕 龙马兰.MAYA 国际动画设计师职业之路〔M〕.北京:中国铁道出版社,2006.

〔4〕 火星时代.MAYA2011 大风暴〔M〕.北京:人们邮电出版社,2011.

〔5〕 霍志勇,谢晓昱.三维动画技术〔M〕.南京:江苏科学技术出版社,2009.